Six⁶
Weeks

# 版式设计

# 6周
# 学习手册

## LAYOUT DESIGN
## 6 WEEKS LEARNING MANUAL

欧阳威 ——————— 编著

人民邮电出版社
北京

图书在版编目（ＣＩＰ）数据

版式设计6周学习手册 / 欧阳威编著. -- 北京：人
民邮电出版社，2023.4
ISBN 978-7-115-60428-6

Ⅰ. ①版… Ⅱ. ①欧… Ⅲ. ①版式－设计 Ⅳ.
①TS881

中国版本图书馆CIP数据核字(2022)第214267号

## 内 容 提 要

　　这是一本讲解版式设计的教程。本书为读者制订了学习计划，带领读者用 6 周时间学习版式设计的相关理论和应用。第 1 周主要学习版式设计基础与结构，第 2 周主要学习文字在版式设计中的应用，第 3 周主要学习图片在版式设计中的应用，第 4 周主要学习配色在版式设计中的应用，第 5 周主要学习网格在版式设计中的应用，第 6 周则分析一些版式设计案例。本书内容由浅入深，真正帮助读者解决从设计、制作到印刷过程中的常见问题。

　　本书适合作为艺术设计院校相关专业的教材，也适合作为平面设计方向的入门及进阶教程。

◆ 编　著　欧阳威
　　责任编辑　于　波
　　责任印制　马振武

◆ 人民邮电出版社出版发行　北京市丰台区成寿寺路 11 号
　　邮编　100164　电子邮件　315@ptpress.com.cn
　　网址　http://www.ptpress.com.cn
　　北京宝隆世纪印刷有限公司印刷

◆ 开本：787×1092　1/16
　　印张：11.75　　　　　　　　　2023 年 4 月第 1 版
　　字数：344 千字　　　　　　　2024 年 8 月北京第 4 次印刷

定价：99.90 元

读者服务热线：(010)81055410　印装质量热线：(010)81055316
反盗版热线：(010)81055315
广告经营许可证：京东市监广登字 20170147 号

前言

　　当拿起一本精美的图书时，我们会惊叹于编排设计与材质工艺的精致；当看到一个好的网页时，我们会感叹视觉体验竟如此舒适；当看到一张精美的风景照时，我们会惊讶于大自然的鬼斧神工和摄影师高超的摄影技术……所有这些美妙的视觉呈现都离不开一个词——组合。只有合理的组合才会呈现出美的形式，而"组合"这个词的专业说法为"排列"或"安排"，用设计语言来说就是"排版"。

　　生活中"排版"无处不在。当你要开始一天工作的时候，你会将办公桌上的东西收拾得整整齐齐；当你结婚办酒席时，你会将糖果堆叠成各种各样的形状；当你走进一家手机店，你会看到展示台面上的手机摆放得井然有序……所谓平面设计就是对多种元素进行合理规划和安排，找到合适的表现创意的方式。而平面设计的基础就是"排版"，也就是版式设计。

　　很多人问过我，设计是什么。设计就是生活，生活就是设计。然而这不是唯一的答案。在我看来，每个设计师都拥有一个属于自己的答案。有人会觉得设计是美妙的，有人会觉得设计是糟糕且困难的……每个人的答案都因个人经历、性格、思维方式等不同而有所差异。我理解的设计就是"服务"，以解决问题为核心的服务就是我认为的设计的核心。服务对象可以是客户，可以是亲戚、朋友，甚至可以是自己，只要能将自己的想法呈现出来给别人看，就是一种设计。

　　那么什么是版式设计呢？"版式"可以分为"版"和"式"。"版"就是各种各样的版面，"式"就是设计师运用的排版方式和技巧等。将元素集合起来，用我们所拥有的知识排出适合阅读的版面就是版式设计——这就是我对版式设计的理解。

　　无论你从事的是哪种类别的设计工作，如UI界面设计、Logo设计、网页设计、包装设计、名片设计等，都脱离不了版式设计。你会发现版式设计以各种各样的形式存在着，就连建筑、景观、花艺、雕塑、陶瓷等设计都离不开版式设计知识。如果对版面构图、色彩色调、风格变化等理论进行归类研究，你会发现竟有规律可循。这就是版式设计的魅力——它无处不在，它是所有设计的根本！

编者

2022年10月

# 学好版式设计可以从事哪些职业

版式设计适用的设计领域较广，如网页设计、UI设计、平面设计和电商设计等。以下是笔者列举的相关设计职业。

## 平面设计师

平面设计师的工作包括海报设计、包装设计、图书装帧设计、字体和名片设计等，这些设计大多用于印刷。平面设计师可进阶为品牌设计师，品牌设计师更注重品牌的形象设计。品牌设计师的市场需求量大，形成自己的创作风格后还可以自己开公司或工作室。

## 网页设计师

网页设计师是互联网行业不可或缺的职业，主要工作是整理归纳信息，并通过颜色、字体、图片、样式等合理美化页面，使页面呈现出良好的视觉效果。随着互联网行业的发展，网页设计师的职业要求越来越高，既要保障用户的视觉体验，又要保障用户的使用体验。

## 电商设计师

电商设计是平面设计与网页设计的结合体。电商设计师的工作任务是在电商平台上展示商品信息，引导消费者购买商品，整个过程是人和设备之间的交流互动过程。

## UI 设计师

UI设计是对软件的人机交互、操作逻辑和界面美观性进行整体设计。好的UI设计不仅能让软件变得有个性、有品位，还能让软件的操作变得方便、简单和舒适。UI设计主要研究人、界面以及人和界面之间的关系，因此UI设计师要掌握界面设计、图标设计、交互设计和用户体验研究等技能。

## 交互设计师

交互设计师需要有清晰的头脑和敏锐的观察能力。交互设计师的工作任务是根据产品经理给出的需求进行融合设计，并绘制出一系列草图，让视觉设计、开发和测试能够顺利运行。交互设计师是产品的铺路者，产品的特性与用途需要交互设计来说明。

# 学习版式设计要掌握哪些软件

熟练掌握设计软件是设计入门的第1步，平面设计中常用的软件有Photoshop、Illustrator、InDesign和CorelDRAW这4款。

## Photoshop

Photoshop是一款专业的图像处理软件。设计师可以通过Photoshop对图像进行编辑，如照片合成、调色和人像精修等，常应用于处理人像、产品图、风景图等。

## Illustrator

Illustrator是一款应用于出版、多媒体和在线图像的工业标准矢量插画软件。可采用该软件绘制出高精度的线条。此软件还拥有强大的上色功能和灵活的操作界面（支持同时创建多个页面进行设计）。因为其不具备自动排版、编码等功能，所以在画册、杂志等的排版工作中不常使用它，但在海报、品牌Logo、宣传单、图书封面等设计领域比较受欢迎。

## InDesign

InDesign是一款专业的排版设计软件，主要应用于印刷类的排版编辑工作，是图书、报刊的首选排版设计软件。相比于其他的排版设计软件，InDesign主要有以下4个优势。

第1个：可以自动创建页码。
第2个：可以在多个不同主页之间穿插运用。
第3个：可以批量处理文字，并进行分栏调整。
第4个：可以创建多种字符和段落样式。

## CorelDRAW

CorelDRAW是一款集绘图和排版于一体的平面设计软件，操作简单，功能强大。设计画册、品牌Logo、产品包装等会经常使用CorelDRAW。CorelDRAW可对文字部分进行灵活控制，如断行、提炼内容、分段、设置段距和行距、分栏等。

CorelDRAW的缺点是不适合在macOS系统中使用，并且有版本限制，在低版本软件中无法打开在高版本软件中保存的文件。

注意，要进行设计，上述软件并非都要学会，可根据自身的工作需要，精通其中的一两款即可。

# 设计元素有哪些

版面中呈现出来的所有内容都可以被称为元素，包括图片、文字、色块、装饰物等。元素可分为位图与矢量图。

## 位图

位图由像素点组成，其优点在于图像的层次和细节较多。在一定范围内像素点越多，分辨率越高，图像就越清晰。将图像放大之后可以看到一个个色块，这些色块就是像素点。位图常应用于复杂的图形图像中，如摄影图、卡通形象图、插画等。手机界面和书刊等也常使用位图。

## 矢量图

矢量图是一种依靠软件生成的图形，是由点、线、面构成的。矢量图占用的内存较小，便于调整，可以单独分离图形并调整图形的颜色、形状和轮廓大小等。矢量图的优点是可以无限制地组合和编排图形，在有限的条件下可以无限制地放大图形，且放大后图形的线条轮廓依旧清晰。Illustrator和CorelDRAW是具有代表性的矢量图形处理软件。对版面的文字、色块、图标、图表、修饰元素等进行处理时常使用矢量图。

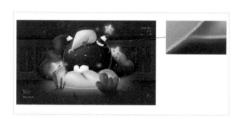

# 元素的色彩模式有哪些

下面讲解RGB色彩模式和CMYK色彩模式的基础知识，更多相关内容会在后续案例中进行讲解。

## RGB 色彩模式

在电子设备中看到的所有色彩都是由色光三原色组成的，即Red（红色）、Green（绿色）和Blue（蓝色），分别用R、G、B表示，合称RGB色彩模式。这种模式通常不用于印刷，往往出现在手机、计算机、电视机等的电子显示屏上。

RGB色彩模式（色光三原色）示意图

## | CMYK 色彩模式 |

CMYK色彩模式又称印刷色彩模式，即Cyan（青色）、Magenta（品红）、Yellow（黄色）和Black（黑色）。我们知道将前3种颜色混合后能得到黑色，那为什么还要单独设置一个黑色？主要原因有以下两点。

第1点：目前还无法通过高纯度的油墨混合得到高纯度的黑色。由品红、黄色、青色3种颜色的油墨混合后会得到暗褐色的油墨，并非纯黑的。

第2点：这样可节省油墨。

CMYK色彩模式示意图

# | 版式设计中常用的文件格式有哪些

下面通过表格对文件格式进行说明。

| 文件格式 | 功能 |
| --- | --- |
| .jpg | RGB色彩模式比CMYK色彩模式的色彩更加艳丽，需要根据不同的内容、文件大小与图片质量确定用途 |
| .tif | 既能分层编辑，又能合层编辑；既能无损存储，又能压缩存储 |
| .png | 占用内存小，支持无损压缩、索引色彩模式和透明效果输出，适合网络传输显示 |
| .psd | 可以直接存储文件中的所有图层效果、通道和注解等 |
| .ai | Illustrator的专属源文件，可以与Adobe的其他软件协同操作，并能够进行分层处理 |
| .cdr | CorelDRAW的专属源文件 |
| .eps | 一种综合性能很强的格式，可以被大部分平面设计软件导入、打开并进行编辑 |
| .pdf | 大部分软件支持.pdf格式的文件 |
| .doc（Word文档） | 能够为设计师编写与调整文案提供极大的帮助，同时可对大批量资料进行合并 |
| .ppt（PowerPoint文件） | 有动效处理功能，能直接对文档或图片进行动效处理。PPT可以说是设计师必须学会运用的一款软件，相对于普通版面，添加了动效的版面更能吸引读者的目光。PPT在排版时更加考验版式设计师的交互思维 |
| .xls（Excel表格） | 主要用于数据处理，能在短时间内完成大量数据处理，还能直接生成数据图表。很多设计师喜欢直接将数据导入设计软件中进行设计，这样容易造成数据缺失或混乱，建议尽量先转化为.pdf格式后再分页导入 |

# 如何管理大量的文本和图片

如果按照传统的方式一次性将大量的文本和图片导入软件中进行处理，容易造成软件卡顿，导致文件加载缓慢；如果选择分段复制并粘贴文本，会影响工作效率。那该怎么办呢？下面讲解大量文本和图片的处理方法。

## 文本处理

拿到文案时，可以先大体浏览一下文案，然后对其进行分类，类似于排版设计中的层级划分，如将文案划分为一级文案、二级文案、三级文案等，接着提炼每个层级中文案的重点内容，再预想出设计形式。

在完成文案分类后，不建议立即进行排版设计，可先对文案进行处理。主要原因有以下两点。

第1点：提前处理文案并征询客户的意见，可以避免受自己主观想法的影响而导致设计周期延长。
第2点：提炼和筛选后的文案能有效地总结整个文本的内容，方便将内容清晰地呈现给客户。

版式设计的目的之一在于文案的处理效果能够得到客户的认可。但这只是笔者的个人观点，并非适合所有人。读者可以根据实际情况确定采用哪种文本处理方法。

## 图片处理

有时设计软件会出现卡顿的现象，甚至整个软件处于崩溃状态，这与图片大小有一定的关系，那么如何处理图片来减轻软件的负担呢？

在InDesign中导入图片时，大部分图片会自动生成外链，只在软件中显示相对清晰的图片，这与在Illustrator中导入图片但不选择嵌入图片是一样的效果。当将InDesign源文件（.indd格式的文件）发送至另一台计算机时会发现，一些图片显示不出来，这说明这张图片在保存时处于低像素状态。此时需补充外链，印刷成品时需导出高质量的图片。

CorelDRAW没有外链功能，可以先通过Photoshop将图片处理成低像素状态，在CorelDRAW中应用低像素的图片进行排版设计，当设计定稿时再替换为高质量的图片进行导出、印刷。

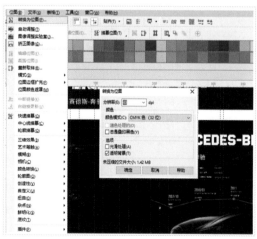

将图片处理成低像素状态

将图片处理成高像素状态

# 图书的结构与印刷

　　图书是一种主流印刷载体，进行版式设计的时候需要对图书的结构进行了解，避免因不了解图书结构而导致设计成果无法印刷。

## 图书的结构术语

　　图书的结构术语包括封面、封底、勒口、书脊、压槽、护封、腰封、书心、衬纸、扉页和版权页等。优秀的设计师需要了解每个结构的具体作用与设计需求，但不是所有结构都需要设计排版，如压槽就不需要，设计时避开这个连接部分即可。总之，设计师了解结构规范后，可以根据项目的需求为客户提供更好的创意，所以结构规范是设计师必须掌握的知识。

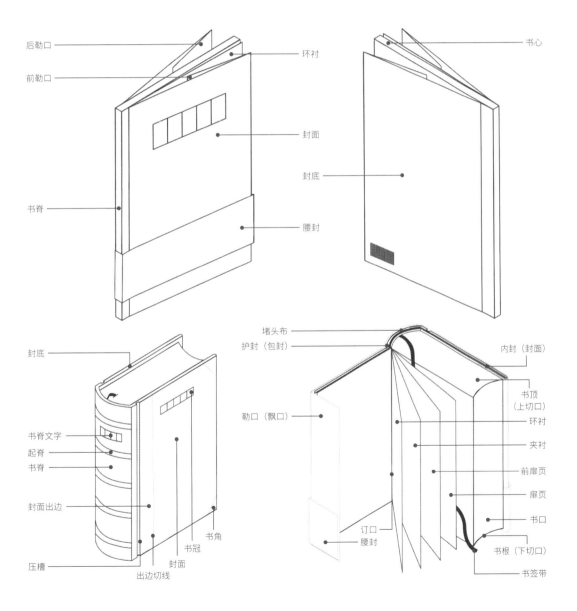

## 封面

优秀的封面设计能让一本书脱颖而出。封面应至少包含书名、作者名和出版名这三大基础信息。如果这三大基础信息不能满足市场营销的需求，设计师还会在封面上添加宣传语、插图和装饰元素等。另外，企业画册要求封面简洁大方，且注重表现企业的形象或产品的属性。

## 封底

封底是书封的末页，至少包含条形码、书号和定价。条形码是一个特殊的存在，一定要放在白色底上，不能随意改变条形码的样式与颜色，否则会使条形码在售卖过程中无法被识别。注意，在设计封底时，封底的精致程度不能高于封面，否则可能喧宾夺主。设计时不能因过于关注美观性而忽略功能性。

## 勒口

勒口是指图书封面和封底或护封在图书翻口处向内折大约二分之一的延长部分。连接封面的是前勒口，连接封底的是后勒口。很多图书都有勒口，因为勒口可以加固翻口处的边角部分，使图书多次翻阅后不会起皮或撕裂，从而起到保护作用。同时勒口也有展示信息的作用，多用于展示内容简介、作者简介、图书评价和图书推荐等信息。在设计平装图书封面时，可以考虑添加勒口，这样能够呈现更多的内容，甚至可以成为设计的一个加分点。

## 书脊

书脊是指连接封面和封底的部分。书脊的大小取决于书的高度和厚度。这部分不需要刻意设计，一般印有书名和出版者名。

## 压槽

压槽是在封面上距离书脊大约1cm处压出的一条宽约3mm的书槽的工艺。压槽的主要作用是让读者打开封面时书心不会跟着打开。除非特殊需要，否则压槽不需要设计师刻意设计。设计内容时也要避开压槽区域。

## 护封

护封是指套在精装书封面外起保护、宣传和装饰作用的纸张，包含封面、封底、勒口和书脊。护封一般会采用较厚的纸或特种纸进行印刷，但不能厚到无法折叠。如果用的是157~250克的铜版纸，则需要重新覆膜，而特种纸不需要覆膜。当然，还有很多设计师喜欢在护封上做一些特殊效果，如压纹、烫金、烫银和镂空等。

## 腰封

腰封是指套在封面腰部的可拆卸的装饰纸张，腰封的纸张选择没有太多要求，一般使用铜版纸。腰封上可以放客户要求的宣传语，既醒目又有设计感。腰封要根据封面的需求来进行设计，对于是横向设计还是竖向设计不设限制。现在腰封的设计越来越多元化，腰封上不仅有宣传语，还会添加一些色彩鲜艳的纹理或图片，甚至会采用特种纸或特殊工艺等。

### 书心

书心由扉页、目录和正文等部分构成，书心设计也就是内页设计。书心是版式设计涉及最多的部分。在整本书中，书心的用纸量最多，一般用纸较薄。对于企业画册来说，如果页数较少，可以使用厚一点的铜版纸，这样会显得更加高档。总之，书心用纸要根据客户的预算和设计的需求来确定。

### 衬纸

衬纸是指夹在封面和书心之间的装饰纸张，一般采用空白的特种纸，有时衬纸上也会印刷一些简单的、宣传口号或印章等。衬纸的纸张选择需要根据图书内容的风格来决定。特种纸通常带有颜色，且具有纹理特征，不同的颜色与纹理能给人带来不一样的感觉。例如，较薄的硫酸纸能产生半透明的美感。

### 扉页

扉页是图书封面之内印有书名、著者和出版者等项内容的一页。

### 版权页

版权页是一个比较重要的页面，但很多读者往往不太关注。版权页除了记录商业信息，还会记录与设计有关的信息，如开本、印张和字数等。

## ｜图书的版面结构｜

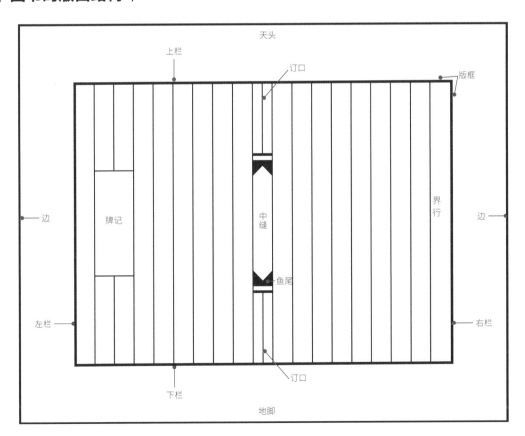

## 版心

在版面中，周围白边区域之外的中心区域就是放置图像和文字等内容的版心区域。版心是内容的主要呈现部分。

## 天头

天头是指版面顶部的空白区域，位于版心上方。天头的大小往往决定着版式的风格。天头区域过小，会让整个版面显得特别拥挤，也不方便读者阅读。

## 地脚

地脚是指版面底部的空白区域，位于版心下方。

## 页边距

在设计中，页边距是设计师需要特别关注的地方。如果页边距太小，那么在翻页时手指会遮挡住内文；如果页边距太大，那么会影响版心内容的编排方式。

## 页眉/页脚

在设计中，优秀的页眉和页脚也是一个重点加分项，非常考验设计师的设计功底。页眉或页脚处一般会安排公司Logo、章节信息或页码等。

## 订口

订口是指书页装订处。

## 翻口

翻口与订口相对，是指书刊的翻阅口。

# | 印刷工艺流程及相关概念 |

印刷工艺流程主要包括印前检查、制版、晒版、拼版、出菲林打小样、印刷等。

## 印前流程

原稿处理（按印前要求处理稿件）→设计（制订整体方案）→制作（制作排版文件）→拼版（制作拼版文件）→印前检查1（印刷适性检核、检查电子版文件及打印稿）→出片打样（输出排版文件或拼版文件）→印前检查2（检查胶片和打样）。

## 印前检查

制版前要对已经设计完成的电子稿进行全面检查，以确保该电子稿能够正确输出图文。印前检查主要包含印刷适性检核、打印稿检查、电子版文件检查和打样检查。

印刷适性检核：包括图片检查与色块检查。图片检查是用经过校准的屏幕检查图片的颜色与画质；色块检查是检查排版文件中的颜色搭配。

打印稿检查：检查打印出来的稿件。

电子版文件检查：电子版文件包含图像文件与排版文件。图像文件检查包括检查文件格式、色彩模式、分辨率、通道和路径等；排版文件检查包括检查文件尺寸、出血、颜色、链接和字体等。

打样检查：包括检查打样颜色、打样格式等。

## 图书装帧工艺流程

精装书和平装书的装帧工艺有明显的差别：前者可以通过飘口来保护书心，图书的硬度高；后者工艺较少，工期短，成本相对较低。

精装书的工艺流程：配书、装订→三面（天头、地脚和翻口）裁切→书脊加工（贴纱布，装堵头布、书脊纸、书签绳等）→上封皮→做压槽。

平装书的工艺流程：配书、装订→上封皮→三面裁切。

## 常用纸张

图书用纸分为内文用纸和封面用纸。内文一般采用较为轻薄的纸张；而封面则比较讲究，一般采用比较厚实的纸张、织物或皮革等。

内文用纸：铜版纸、胶版纸和书写纸等。

封面用纸：铜版纸、白卡纸和牛皮纸等。

## 纸张的成品尺寸

| A系列 | | B系列 | |
| --- | --- | --- | --- |
| A0 | 841mm×1189mm | B0 | 1000mm×1414mm |
| A1 | 594mm×841mm | B1 | 707mm×1000mm |
| A2 | 420mm×594mm | B2 | 500mm×707mm |
| A3 | 297mm×420mm | B3 | 353mm×500mm |
| A4 | 210mm×297mm | B4 | 250mm×353mm |
| A5 | 148mm×210mm | B5 | 176mm×250mm |
| A6 | 105mm×148mm | B6 | 125mm×176mm |
| A7 | 74mm×105mm | B7 | 88mm×125mm |
| A8 | 52mm×74mm | B8 | 62mm×88mm |

### 特种印刷工艺

**UV油墨印刷**：UV油墨不堵网，有利于精细化产品印刷，照射UV光可瞬时干燥。印刷中不用担心溶剂损坏承印物。UV油墨品质稳定，干燥墨膜光泽度好，且墨膜耐磨、耐水、耐油、耐溶剂。

**植绒印刷**：先涂黏合剂，然后均匀喷上绒毛，接着利用正负电荷使绒毛直立起来。这种方式印刷出来的效果就像毛发般松软。

**热感印刷**：有一种油墨，其颜色会随着温度的变化而变化。热感印刷就是使用了这种油墨，这样可以使设计作品随着温度的变化而改变颜色。

**凹凸印**：使用凹凸状的金属模具进行压印，可以使纸张变得凹凸不平，形成立体图案。

**模切**：用金属刀片将纸张切成一定的形状。模切可以改变纸张的形状，这会让设计作品更加漂亮，极具创意。

## | 图书装订 |

常用的图书装订方式有古线装、经折装、骑马钉装、无线胶装、锁线胶装和卷轴装等。设计师通常会根据客户的需求和预算考虑采用哪种装订方式。

古线装

经折装

骑马钉装

无线胶装

锁线胶装

卷轴装

# | 画册的设计与分类

本优秀的画册需要满足以下3个条件。

第1个：能够充分展示企业文化、市场策略、产品特征和客户需求等。

第2个：具有美感，且有舒适的触感。

第3个：设计的内容和风格相协调，整体统一。

如果一本画册满足了以上3个条件，那么说明它的设计是到位的。对于画册，我根据多年工作经验总结出了画册分类标准，以便对客户资料进行分类。我一般根据用途、形状和工艺对画册进行分类。

## 根据用途进行分类

设计师是一个服务型职业，工作核心就是服务客户。每遇到一个新项目，客户总会问这么一句话："我们现在需要做一个××产品手册，请问你做过这类的手册么，能否给我们看一看？"此时想要从大量的画册中找出自己所需的画册很难，但平时如果进行了分类整理就很简单。根据用途进行分类，画册类型有企业形象画册、企业产品综合宣传册、产品目录、纪念册、庆典宣传册、员工手册、企业内部宣传册、企业招商手册、企业样本手册、员工通讯录、影集录和个人纪念集等。经过分类整理，可以将这些画册划分为企业宣传类、产品类、庆典纪念类和个人集类等大类。

## 根据形状进行分类

根据形状可将画册分为长方形画册、正方形画册、三角形画册、圆形画册和异形画册等，比较常见的是长方形画册。其他形状的画册比普通长方形画册成本高，但往往能够加深人们对产品或企业的印象。例如，口红产品宣传册在长方形画册的基础上切割出一个圆角，这样与产品形态更贴合，能够给人留下深刻的印象，同时也会让该宣传册从同一类画册中脱颖而出。

## 根据工艺进行分类

根据装订工艺分类，如精装画册、线装画册等。
根据纸张工艺分类，如铜版纸画册、超感纸画册等。
根据特殊工艺分类，如镂空画册、烫金画册等。

## 更多分类参考

我的同事比我多一个分类标准，即根据行业进行分类，如服装类画册、旅游类画册等。

对画册进行分类是为了快速找到以前的项目成果。如果客户来到工作室，我会直接将自己以前的作品拿出来，这样更方便沟通。如果是网络沟通，我除了拿出设计方案，还会展示相关设计作品，以方便举例说明，更好地阐述自己的创意。

# ▎艺术设计教程分享

本书由"数艺设"出品，"数艺设"社区平台（www.shuyishe.com）为您提供后续服务。

**"数艺设"社区平台，为艺术设计从业者提供专业的教育产品。**

### 与我们联系

我们的联系邮箱是 szys@ptpress.com.cn。如果您对本书有任何疑问或建议，请您发邮件给我们，并请在邮件标题中注明本书书名及ISBN，以便我们更高效地做出反馈。

如果您有兴趣出版图书、录制教学课程，或者参与技术审校等工作，可以发邮件给我们。如果学校、培训机构或企业想批量购买本书或"数艺设"出版的其他图书，也可以发邮件联系我们。

### 关于"数艺设"

人民邮电出版社有限公司旗下品牌"数艺设"，专注于专业艺术设计类图书出版，为艺术设计从业者提供专业的图书、视频电子书、课程等教育产品。出版领域涉及平面、三维、影视、摄影与后期等数字艺术门类，字体设计、品牌设计、色彩设计等设计理论与应用门类，UI设计、电商设计、新媒体设计、游戏设计、交互设计、原型设计等互联网设计门类，环艺设计手绘、插画设计手绘、工业设计手绘等设计手绘门类。更多服务请访问"数艺设"社区平台www.shuyishe.com。我们将提供及时、准确、专业的学习服务。

# CONTENTS | 目录

— 第3周 —
# 图片在版式设计中的应用.................091

－ 第6周 －
# 版式设计案例综合解析

# 版式设计基础与结构

第 1 周 ——————————✕

# — Day 1 版式设计原理

版式设计是将图像和文字元素按照一定的规律进行整理、编排，并根据设计主题与甲方的需求，在规定的版面中进行设计。版式设计是设计的基础，适用于各类设计行业。

## | 黄金分割 |

黄金分割又称黄金率，是设计中经常采用的比例关系。单纯地按照黄金分割法则设计出的作品不一定优美，但优美的设计一般都遵循黄金分割法则。黄金分割的数值比例是1：1.618，是指将整体一分为二，较小部分与较大部分的比值等于较大部分与整体的比值，约等于1：1.618，可以理解为 $a:b=b:(a+b)\approx1:1.618$ 。

1.绘制一个正方形。

2.画出两条对角线，过交点画竖直线，得出红色的对称分割线。

3.以对称分割线下端为端点，绘制出右边小矩形的对角线。

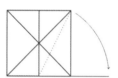

4.以对称分割线下端为轴心，将上一步绘制的线段旋转到与小矩形底边齐平。

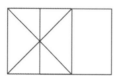

5.以得到的线段为底边绘制一个矩形。

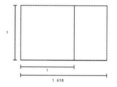

6.完整的黄金分割矩形展示。

1.完整的黄金分割矩形还能被进一步分割。画出大矩形的对角线 $a$，线 $a$ 与线 $b$ 相交于点 $A$，过点 $A$ 画水平线，得到一个更小的矩形。

2.可以采用这种方式继续分割，从而得到若干个小矩形和正方形。

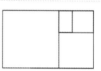

3.完整的新黄金分割矩形展示。

4.无限延伸分割结构展示。

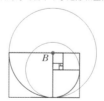

很多人觉得黄金比例的螺旋线很难绘制标准，其实绘制有诀窍。这里以点 $B$ 为圆心，绘制1/4圆。采用这种方式继续绘制，就能得到标准螺旋线。

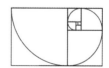

完整的螺旋线展示。

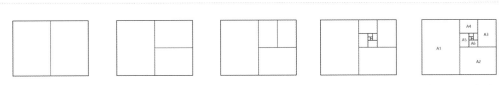

通过观察我们会发现，黄金分割的无限延伸分割结构展示与DIN（德国工业标准）纸张尺寸比例体系相似，也就是从A0纸分割出A1、A2、A3、A4、A5、A6等规格的纸张，一直到无法分割。

# | 白银比 |

白银比的比例约为1：1.414，日本设计师比较喜欢运用白银比。现在白银比越来越多地应用于版式设计和插画设计的构图中。

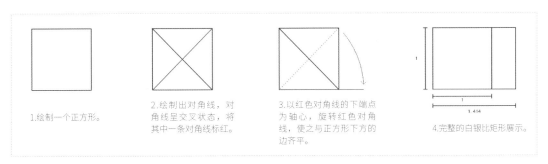

1.绘制一个正方形。

2.绘制出对角线，对角线呈交叉状态，将其中一条对角线标红。

3.以红色对角线的下端点为轴心，旋转红色对角线，使之与正方形下方的边齐平。

4.完整的白银比矩形展示。

# | 斐波那契数列 |

斐波那契数列又称黄金分割数列。前两个数字相加可以得到下一个数字，如1、1、2、3、5、8、13、21……（即1+1=2，1+2=3，2+3=5，3+5=8，……）。斐波那契数列可用于控制图片的大小和比例，以及图片与文字之间的关系。

| 3 | 1 | 3 | 3 | 3 | 3 | 4 | 4 | 4 | 4 | 4 |
|---|---|---|---|---|---|---|---|---|---|---|
| 4 | 1 | 6 | 7 | 8 | 9 | 5 | 6 | 7 | 8 | 9 |
| 7 | 2 | 9 | 10 | 11 | 12 | 9 | 10 | 11 | 12 | 13 |
| 11 | 3 | 15 | 17 | 19 | 21 | 14 | 16 | 18 | 20 | 22 |
| 18 | 5 | 24 | 27 | 30 | 33 | 23 | 26 | 29 | 32 | 35 |
| 29 | 8 | 39 | 44 | 49 | 54 | 37 | 42 | 47 | 52 | 57 |
| 47 | 13 | 63 | 71 | 79 | 87 | 60 | 68 | 76 | 84 | 92 |
| 76 | 21 | 102 | 115 | 128 | 141 | 97 | 110 | 123 | 136 | 149 |
| 123 | 34 | 165 | 186 | 207 | 228 | 157 | 178 | 199 | 220 | 241 |
| 199 | 55 | 267 | 301 | 335 | 369 | 254 | 288 | 322 | 356 | 390 |
| 322 | 89 | 432 | 487 | 542 | 597 | 411 | 466 | 521 | 576 | 631 |
| 521 | 144 | 699 | 788 | 877 | 966 | 665 | 754 | 843 | 932 | 1021 |

## | 范德格拉夫原理 |

范德格拉夫原理又称秘密原理，即依据几何原则对页面进行划分，进而确定页面版式。很多中世纪的图书与手稿采用了这一原理。这个原理可以用于黄金分割的版式上，能够快速确定页边距、版心、天头、地脚、翻口和订口等。

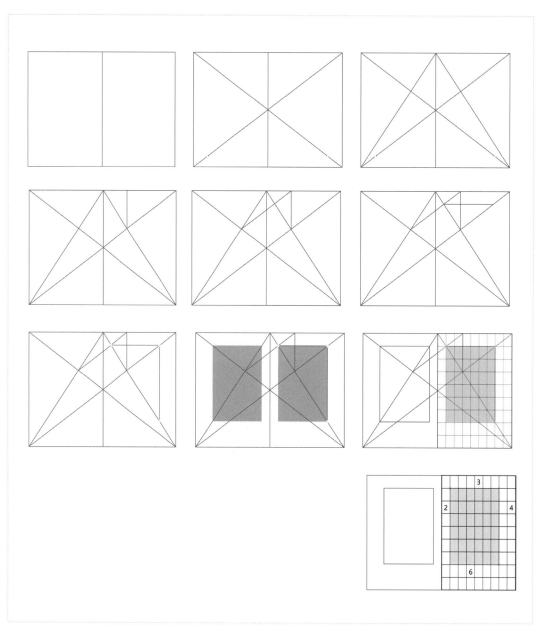

# —Day 2

## 初学者会选择的版式

初学者首先要学会如何把版面做整齐,在整齐的基础上再进行变化,尝试将版面做好看。整齐的版面可以更好地进行内容展示,更方便阅读,且具有更强的可塑性。

## | 骨骼型 |

在面对信息量大且样式比较复杂的设计需求时,骨骼型版式是一个很好的选择。骨骼型版式能给人一种严谨、和谐和理性的美感。经过处理,版面会更加灵活。常见的骨骼型版式有通栏、双栏、三栏和多栏等,一般情况下以多栏居多。

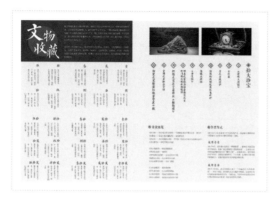 

## | 满版型 |

满版型版式的内容以图像为主，即图像铺满版面，局部填充文字，使文字与图像相结合。这种排版方式给人大方、大气、舒适的视觉感受，经常会用在一些企业宣传画册或App界面中。注意，这种版式不可过多使用。

 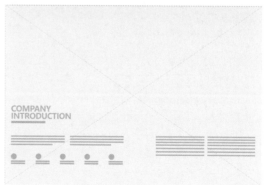

## | 上下分割型 |

上下分割型版式是将版面分为上下两个部分，即上图下文或上文下图。图片部分一般采用饱和度较高的色彩，给人带来活力；文字部分通常设计得比较精致，使画面显得理性。这种动静结合的搭配能够让观者感到舒适。

## | 左右分割型 |

左右分割型版式是将版面分为左右两个部分，分别放置文字和图片，形成对比。如果只是这样，容易出现版面不够平衡的问题。因此，如果采用左右分割型版式，不仅要根据阅读习惯来确定图片和文字的位置，还要考虑图片的视觉重量和精彩程度。

控制好文字的层级关系和阅读顺序，可以让版面具有透气性；控制好文案与图表之间的过渡，可以让版面内容的衔接更加流畅。注意，如果控制不好版面内容，左右分割型版式会显得死板，就成了所谓的"阴阳页面"。

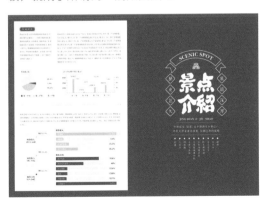
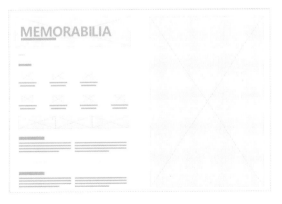

## | 重心型 |

　　重心型版式能突出视觉焦点，常用于需要突出建筑或植物的版面设计。重心型版式有时会显得有点呆板，比较好的解决方法就是添加色块、文字、图标或表格，可根据不同的需求进行调整。

## | 对称型 |

　　对称型版式能给人一种理性、稳定的视觉感受，同时比较时尚、自由。对称型版式又分为绝对对称型版式和相对对称型版式。相比较来说，相对对称型版式更常用一些，因为它可以避免版面过于严谨而显得呆板的情况。

　　对称型版式比较讲究版面均衡，如元素之间的均衡、元素与版面之间的均衡等。均衡的版式会让版面有比较良好的统一性，在统一的基础上做出变化更方便阅读。注意，文字、图片等元素之间的色彩对比不宜过于强烈，因为对比越强烈，版面越难把控。

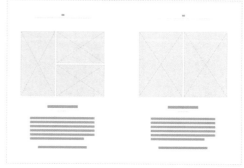

## | 聚集型 |

聚集型版式是指将元素按照一定的规律由一个中心点向外发散。这种方式能强调主体元素，给人很强的聚拢感和向外发散的视觉感受，具有很强的爆发力，常用于包含时间轴或产品概述的版式设计。

设计时尽量让边角处保持整齐，类似海报设计构图中的四周压角。这样既能防止版面凌乱，又能使版面空间更饱满。

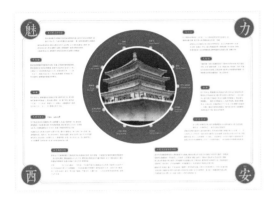

## | 自由型 |

自由型版式没有太多的规则，整体相对随意、自由，风格偏向于活泼、轻快。在选择自由型版式进行设计时，不能过于追求样式而忽视内容的表达。建议新手谨慎选择这种版式。注意，自由型版式并非毫无规则。无论什么版式，便于阅读永远是设计时需要考虑的首要问题。

# 一 Day 3

## 版式设计中的视觉流程

常见的视觉流程大致可以分为单向型视觉流程、重心型视觉流程、重复型视觉流程、导向型视觉流程和散点型视觉流程。

## | 单向型视觉流程 |

单向型视觉流程在海报设计运用中分为斜线式、竖线式和横线式。

采用斜线式视觉流程的版面元素布局比较灵活,视觉冲击力较强,不稳定的动态构图能快速引起观者注意。斜线式视觉流程在商业电影海报中比较常见。

采用竖线式视觉流程的版面整体比较稳定,显得简洁有力,给人稳固的感觉。

斜线式

竖线式

采用横线式视觉流程的版面元素一般呈水平分布,观者的视线会根据版面构图在水平线上左右移动,给人比较平和的感觉,可以营造出安静、温和、舒适的氛围。

单向型视觉流程可以引申出Z字形视觉流程。图书大多数采用左右翻页的形式，文字横向排列，这样能够保持横向构图的平和感；内容竖向对齐。Z字形视觉流程比较符合常规的阅读习惯，在设计版式时根据内容进行适当对齐，并根据信息层级编排即可。

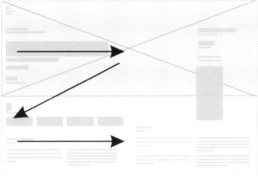

## | 重心型视觉流程 |

重心型视觉流程可以突出版面的重心，给观者留下深刻的印象。观者第一眼看上去就可以抓住视觉重心，并沿着其方向移动视线。例如下方的海报，观者在第一眼看到海报时视线会停留在图片中的两座高大建筑上，然后向上、向下延伸看到文字，图片中的两座高大建筑就是版面的重心。重心型视觉流程在海报设计中很常用。

## | 重复型视觉流程 |

重复型视觉流程是指让相同或者相似的元素重复出现在画面中。这种排版方式比较单一，但重复的元素能让版面更生动，具有比较强的识别性。如果说单向型和重心型视觉流程是根据日常阅读习惯进行设计的，那么重复型视觉流程就是根据惯性思维进行设计的。

重复型视觉流程能加深观者对版面的印象，有利于观者记忆和信息传播，让画面变得简单且有条理。很多企业喜欢通过重复型视觉流程让版面在整齐的基础上产生美感。

例如在下方版面中，每个段落都以年份信息开头，并进行放大，让观者看完这部分的信息后能很轻松地分辨出接下来应该看哪里的内容。重复型视觉流程能够指导观者下一步的阅读方向。

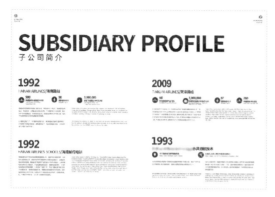
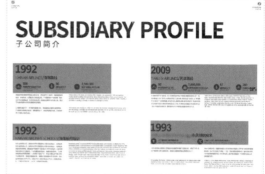

# ｜导向型视觉流程｜

　　人们总会不自觉朝着视线引导的方向看过去。导向型视觉流程就是利用了这个日常行为习惯。设计师巧妙地设计一个内容（如图标、箭头等元素），引导观者阅读。

　　下方版面中，海平线上方的指示数字和引导线可以直接引导观者阅读提炼出的重点信息，起到提醒与引导的作用。

# | 散点型视觉流程 |

　　散点型视觉流程是指将版面中的内容进行拆分，给观者带来相对自由、轻快的视觉感受。散点型视觉流程看似随意，实际上会对元素进行统一化处理（不仅包括对版面文字的灰度、图像的色彩值和重点色彩等进行处理，还包括对元素的主次、大小和疏密关系等进行处理），从而使打散的版面更具统一性，起到凝聚版面信息的作用。

# Day 4
## 草图与线框图

草图和线框图是设计师开展项目的初始化表达。草图是线框图的前端工序。通常设计师在阅读信息内容之后，会对信息的编排样式有一个初步的构思。草图能在很大程度展示出设计师的灵感。完成草图后，设计师再通过线框图进行细化。

## 草图

草图是设计师对设计内容的一个大体构思。设计师可通过草图与客户进行沟通。设计师通常在拿到设计信息、明确设计需求（如字体要求、图片要求等）后就可以开始勾勒草图了。

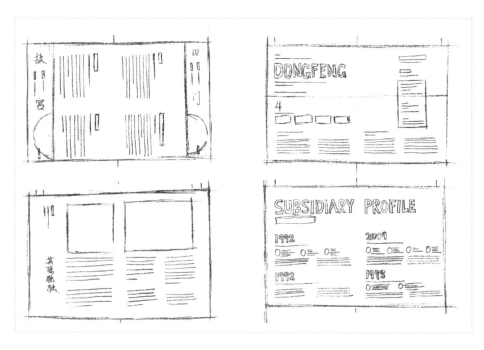

# 线框图

　　线框图又称格子图。线框图阶段，设计师的注意力主要集中在版式设计的信息表达和层级结构中，基本不受色彩、字体和图形图像等元素的干扰。

　　建议读者多进行线框图绘制训练。因为这样可以让设计师对设计进行复盘，厘清设计思路，在原有的基础上获得更多灵感，且还能积累更多属于自己的版式创意草稿图。这是一种提升设计思维的技巧。

　　线框图不是草图，而是由草图进一步调整得来的，能够表现内容之间的关系。如果与客户在网络上进行沟通，建议不要使用草图，因为草图太过潦草，容易产生不必要的误会。这时就需要用到线框图了，即用简单的线条把文本、图像等元素的走向和位置大致勾勒出来。

　　处理线框图时可以先进行简单尝试，规划出一个比较令人满意的设计布局，再将大致内容放进去，可以用矩形代表文本。

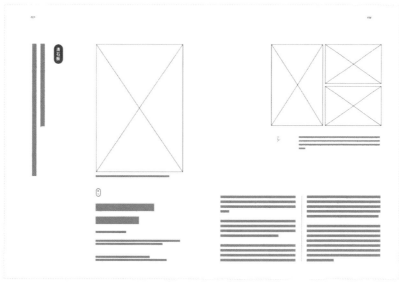

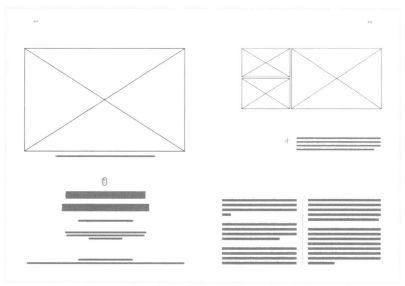

# Day 5
## 空白还是留白

空白不等于留白。很多初学者认为这个概念本身是矛盾的，其实不然。请记住，恰当的留白可以为设计留有"喘息"空间，带给读者更好的阅读体验。而空白更突出功能性。

## ▏留白▏

留白能控制文字之间的层级关系、图片之间的衔接关系等。留白能保持阅读的连续性、色彩的连贯性和版面的透气性，能体现元素之间的衔接关系。

## | 空白 |

空白是刻意的功能性空间表达，包括客户需要填写的信息、需要手工粘贴的其他信息等需要占用的空间。相对于留白，空白更强调功能性。

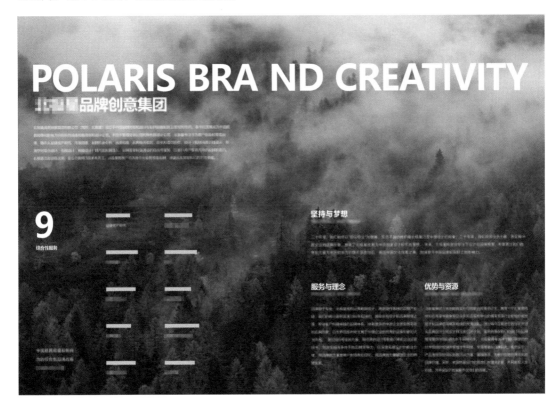

当然，还有一种非刻意产生的空白。它会让整个版面显得非常呆板。下方两个版面都具有较明显的留白或空白，下面通过它们来阐述留白与空白的区别。

为了方便观察，可以将其转换为文字布局图，也就是抛弃底图、色彩等元素。第1个版面左侧页面中的文字量少且布局分散，下方竖排文字表现得过于单调；左侧页面和右侧页面信息分布不均匀。第2个版面中左右两个页面信息分布较均匀。

第1个版面中，即使加上了背景与装饰元素也没能解决版面太空的问题，这就是典型的非刻意产生的空白。第2个版面中，中部的白色部分代表天空，给人以透气感。

# 文字在版式设计中的应用

第 2 周 ——————————✕

## Day **1**
# 认识与选择字体

文字编辑是将版面中的文字信息进行二次编辑，对设计元素进行提炼、归纳和总结，并放置在合适的位置。对于文字编辑来说，字体必然是绕不开的一个知识点。

## | 字体的分类 |

选择字体是一种相对比较感性的行为。不同的字体所表现出的气质不同，有能让人放松的，有高端的，有可爱的，有成熟优雅的。下面了解一下字体的分类。

### 中文字体

中文字体包括黑体、宋体（明体）、圆体和书法体等。

**黑体　宋体　圆体　书法体**

#### 黑体

黑体又称方体、等线体、无衬线体，其具有顿挫感和严谨性，适用于一些轻阅读型杂志。黑体醒目、冷峻，多用于标题、导语、标志或工业广告等。黑体没有衬线装饰，比较简单，做版式练习时可以优先选择黑体，如思源黑体、微软雅黑、站酷高端黑、汉仪旗黑、造字工房版黑、方正兰亭黑简体等。

**思源黑体　微软雅黑　站酷高端黑　汉仪旗黑**

**造字工房版黑　方正兰亭黑简体**

思源黑体适用于正文，其字形结构在印刷的过程中比较容易被识别出来。站酷高端黑与造字工房版黑多用于标题，会表现得比较突出。这两种字体的字形有一种被挤压过的效果，设计感较强。

**文字在版式中的应用**

编辑设计是将版面中的所有信息进行二次编辑,对设计元素进行提炼、归纳和总结,并放置在合适的位置。做设计不只是为了美观,更是为了让客户阅读时感到舒服、方便,以及让设计元素与风格能符合客户的需求。

思源黑体（标题）+思源黑体（正文）

**文字在版式中的应用**

编辑设计是将版面中的所有信息进行二次编辑,对设计元素进行提炼、归纳和总结,并放置在合适的位置。做设计不只是为了美观,更是为了让客户阅读时感到舒服、方便,以及让设计元素与风格能符合客户的需求。

造字工房版黑（标题）+思源黑体（正文）

**文字在版式中的应用**

编辑设计是将版面中的所有信息进行二次编辑,对设计元素进行提炼、归纳和总结,并放置在合适的位置。做设计不只是为了美观,更是为了让客户阅读时感到舒服、方便,以及让设计元素与风格能符合客户的需求。

造字工房版黑（标题）+造字工房版黑（正文）

较粗的黑体刚挺稳重,具有较强的视觉冲击力,是企业Logo标准字的首选字体;较细的黑体精致耐看,整体的空间布局较均匀,有很强的修饰性。

## 宋体

宋体是印刷行业中应用比较广泛的字体,常用的有书宋、中宋、大宋和仿宋等。宋体在设计时保留了书法的特色和格调,适用于正文,较粗的宋体也适用于标题和标注。

仿宋　方正清刻本悦宋　方正大标宋简体

思源宋体　华康雅宋体

宋体的种类越来越多,有些在传统宋体的基础上具有更多的书法特征,还有一些融入了楷体的特征。

**文字在版式中的应用**

编辑设计是将版面中的所有信息进行二次编辑,对设计元素进行提炼、归纳和总结,并放置在合适的位置。做设计不只是为了美观,更是为了让客户阅读时感到舒服、方便,以及让设计元素与风格能符合客户的需求。

思源宋体（标题）+思源宋体（正文）

**文字在版式中的应用**

编辑设计是将版面中的所有信息进行二次编辑,对设计元素进行提炼、归纳和总结,并放置在合适的位置。做设计不只是为了美观,更是为了让客户阅读时感到舒服、方便,以及让设计元素与风格能符合客户的需求。

方正清刻本悦宋简体（标题）+思源宋体（正文）

**文字在版式中的应用**

编辑设计是将版面中的所有信息进行二次编辑,对设计元素进行提炼、归纳和总结,并放置在合适的位置。做设计不只是为了美观,更是为了让客户阅读时感到舒服、方便,以及让设计元素与风格能符合客户的需求。

华康雅宋体（标题）+华康雅宋体（正文）

## 圆体

圆体由黑体演变而来。圆体的字形拐角处和笔画末端呈圆弧形,既保留了黑体端正、严肃的特点,又能在设计中体现出可爱风格。

# 方正粗圆简体　幼圆　汉仪润圆
# 造字工房悦圆　迷你简超粗圆

纤细的圆体比较符合女性产品的字体设计需求，较粗的圆体比较符合儿童趣味性产品的字体设计需求。

**文字在版式中的应用**
编辑设计是将版面中的所有信息进行二次编辑，对设计元素进行提炼、归纳和总结，并放置在合适的位置。做设计不只是为了美观，更是为了让客户阅读时感到舒服、方便，以及让设计元素与风格能符合客户的需求。

造字工房悦圆（标题）+幼圆（正文）

**文字在版式中的应用**
编辑设计是将版面中的所有信息进行二次编辑，对设计元素进行提炼、归纳和总结，并放置在合适的位置。做设计不只是为了美观，更是为了让客户阅读时感到舒服、方便，以及让设计元素与风格能符合客户的需求。

方正粗圆简体（标题）+幼圆（正文）

**文字在版式中的应用**
编辑设计是将版面中的所有信息进行二次编辑，对设计元素进行提炼、归纳和总结，并放置在合适的位置。做设计不只是为了美观，更是为了让客户阅读时感到舒服、方便，以及让设计元素与风格能符合客户的需求。

迷你简超粗圆（标题）+迷你简超粗圆（正文）

## 书法体

书法体又称书画体、书体等，字形类似于毛笔字，呈现中国风效果。

# 汉仪尚巍手书　方正黄草简体　华文行楷

**文字在版式中的应用**
编辑设计是将版面中的所有信息进行二次编辑，对设计元素进行提炼、归纳和总结，并放置在合适的位置。做设计不只是为了美观，更是为了让客户阅读时感到舒服、方便，以及让设计元素与风格能符合客户的需求。

汉仪尚巍手书（标题）+思源宋体（正文）

**文字在版式中的应用**
编辑设计是将版面中的所有信息进行二次编辑，对设计元素进行提炼、归纳和总结，并放置在合适的位置。做设计不只是为了美观，更是为了让客户阅读时感到舒服、方便，以及让设计元素与风格能符合客户的需求。

方正黄草简体（标题）+思源宋体（正文）

**文字在版式中的应用**
编辑设计是将版面中的所有信息进行二次编辑，对设计元素进行提炼、归纳和总结，并放置在合适的位置。做设计不只是为了美观，更是为了让客户阅读时感到舒服、方便，以及让设计元素与风格能符合客户的需求。

华文行楷（标题）+思源宋体（正文）

## 手写体

手写体是指以手工写出的字体为蓝本的字体。

# 方正静蕾简体　方正硬笔楷书简体　汉仪小麦体简
# 华康娃娃体　华康海报体　华康勘亭流

**文字在版式中的应用**
编辑设计是将版面中的所有信息进行二次编辑，对设计元素进行提炼、归纳和总结，并放置在合适的位置。做设计不只是为了美观，更是为了让客户阅读时感到舒服、方便，以及让设计元素与风格能符合客户的需求。

华康海报体（标题）+思源宋体（正文）

**文字在版式中的应用**
编辑设计是将版面中的所有信息进行二次编辑，对设计元素进行提炼、归纳和总结，并放置在合适的位置。做设计不只是为了美观，更是为了让客户阅读时感到舒服、方便，以及让设计元素与风格能符合客户的需求。

华康勘亭流（标题）+思源宋体（正文）

文字在版式中的应用
编辑设计是将版面中的所有信息进行二次编辑，对设计元素进行提炼、归纳和总结，并放置在合适的位置。做设计不只是为了美观，更是为了让客户阅读时感到舒服、方便，以及让设计元素与风格能符合客户的需求。

方正硬笔楷书简体（标题）+方正硬笔楷书简体（正文）

文字在版式中的应用
编辑设计是将版面中的所有信息进行二次编辑，对设计元素进行提炼、归纳和总结，并放置在合适的位置。做设计不只是为了美观，更是为了让客户阅读时感到舒服、方便，以及让设计元素与风格能符合客户的需求。

方正静蕾简体（标题）+方正静蕾简体（正文）

## 楷体

楷体又称正楷，形式感比较强，常用于现代品牌设计。

方正粗楷　華康超特楷體　　华文行楷　宇酷堂清楷體

文字在版式中的应用
编辑设计是将版面中的所有信息进行二次编辑，对设计元素进行提炼、归纳和总结，并放置在合适的位置。做设计不只是为了美观，更是为了让客户阅读时感到舒服、方便，以及让设计元素与风格能符合客户的需求。

字酷堂清楷體（标题）+思源宋体（正文）

**文字在版式中的應用**
编辑设计是将版面中的所有信息进行二次编辑，对设计元素进行提炼、归纳和总结，并放置在合适的位置。做设计不只是为了美观，更是为了让客户阅读时感到舒服、方便，以及让设计元素与风格能符合客户的需求。

華康超特楷體（标题）+思源宋体（正文）

文字在版式中的应用
编辑设计是将版面中的所有信息进行二次编辑，对设计元素进行提炼、归纳和总结，并放置在合适的位置。做设计不只是为了美观，更是为了让客户阅读时感到舒服、方便，以及让设计元素与风格能符合客户的需求。

华文行楷（标题）+思源宋体（正文）

## 美术体

美术体是一种装饰字体，是为了美化版面而采用的一种特定字形，具有很强的观赏性，有助于表达出与产品或企业相符合的气质。注意，卡通体属于美术体。

百度综艺简体　方正彩云简体　方正剪纸简体　方正胖头鱼简体

| 文字在版式中的应用 | 文字在版式中的应用 | 文字在版式中的应用 |
|---|---|---|
| 编辑设计是将版面中的所有信息进行二次编辑，对设计元素进行提炼、归纳和总结，并放置在合适的位置。做设计不只是为了美观，更是为了让客户阅读时感到舒服、方便，以及让设计元素与风格能符合客户的需求。 | 编辑设计是将版面中的所有信息进行二次编辑，对设计元素进行提炼、归纳和总结，并放置在合适的位置。做设计不只是为了美观，更是为了让客户阅读时感到舒服、方便，以及让设计元素与风格能符合客户的需求。 | 编辑设计是将版面中的所有信息进行二次编辑，对设计元素进行提炼、归纳和总结，并放置在合适的位置。做设计不只是为了美观，更是为了让客户阅读时感到舒服、方便，以及让设计元素与风格能符合客户的需求。 |
| 百度综艺简体（标题）+思源宋体（正文） | 方正剪纸简体（标题）+思源宋体（正文） | 方正胖头鱼简体（标题）+思源宋体（正文） |

## 英文字体

英文字体的结构比较简单，在版面中容易产生空旷的效果。英文字体可分为不同的类别，如衬线体、无衬线体和手写体等。

| 衬线体 | 无衬线体 | 手写体 |

与中文字体结构相比，英文字体的结构相对简单。字号相同的中英文字体在混排时视觉表现略有差异，因此设计师通常会将英文字号缩小一号。笔者推荐使用的英文字体有Adobe Garamond Pro、Helvetica、Arno Pro和Caslon等字体。

## | 字体家族 |

在设计软件中选择字体时，如选择思源黑体，会出现更多字体选项，这些细分出来的样式同属于一个字体家族。

思源黑体根据字重可分为超亮体/极细体、亮体/瘦体、亮体/细体、常规体、中等体、粗体、重体。

**黑体**

| 思源黑体 | ExtraLight |
| 思源黑体 | Light |
| 思源黑体 | Normal |
| 思源黑体 | Regular |
| 思源黑体 | Medium |
| **思源黑体** | **Bold** |
| **思源黑体** | **Heavy** |

思源字体【超亮体/极细体】 1.2.3.4.5.6.7.8.9 你好,设计师,我是超亮体
思源黑体【亮体/瘦体】 1.2.3.4.5.6.7.8.9 你好,设计师,我是超亮体
思源黑体【亮体/细体】 1.2.3.4.5.6.7.8.9 你好,设计师,我是超亮体
思源黑体【常规体】 1.2.3.4.5.6.7.8.9 你好,设计师,我是超亮体
思源黑体【中等体】 1.2.3.4.5.6.7.8.9 你好,设计师,我是超亮体
**思源黑体【粗体】 1.2.3.4.5.6.7.8.9 你好,设计师,我是超亮体**
**思源黑体【重体】 1.2.3.4.5.6.7.8.9 你好,设计师,我是超亮体**

# | 文字大小 |

号制和点制是衡量文字大小的常用标准。号制简单方便,在国内应用非常广泛;点制又称磅制,在传统的铅字排版系统中应用广泛。

点制单位的名称是"点",一般用p来表示。8~12p的字适用于图书正文和目录等。号制将文字定为9个等级,分别是初号、一号、二号、三号、四号、五号、六号、七号和八号,并按照由大到小的顺序排列。目前前7个字号等级又做了细分,如小初、小一、小二、小三、小四、小五和小六。此外,西塞罗也是字体排印中的一个单位,主要用于意大利、法国及其他欧洲国家,1西塞罗约等于0.45cm。

字号从6点到60点的Arial

6 point
8 point
9 point
10 point
12 point
14 point
18 point
24 point
30 point
36 point
48 point
60 point

排版的度量单位名称

厘米 cm
西塞罗 Cicero

字号大小可以体现内容之间的等级关系,但不建议选择太多种字号,因为这样会造成版面混乱。注意,同等级的内容要尽量使用同一种字号。如果纸张材质不同,同一字号的字体显示程度有所不同。例如,5p的同一种字体在铜版纸上较清晰,但在用于包装的瓦楞纸上就会显得模糊。

PAGE 01
Pu'er Tea

HelveticaInserat — 80p

# XINHUI PU'ER

HelveticaInserat — 36p

## HEALTH GUIDANCE MANUAL

—

微软雅黑 — 24p

### 新会普洱养生指导手册

HelveticaInserat — 17p
微软雅黑 — 9p
HelveticaInserat — 8p

**01**
独特风味
Unique Flavor

**02**
五邑特产
Wuyi Specialty

**03**
医用价值
Medical Value

**04**
收藏价值
Collection Value

HelveticaInserat — 16p

### The Story of Pu'er and Orange Peel

微软雅黑 — 13p

### 普洱与陈皮的小故事

微软雅黑 — 8p

相传清代广东新会进士罗天池在云南当官，年老时告老还家，带回许多当地的普洱茶。回到家园的第一个秋天得了伤风，妻子用陈皮煮水误把壶中的陈皮汤倒入了茶壶中。喝了几口，发现茶中竟有奇异的香味，口感浑厚，且又多了几分清甜。连服几天后，痰化咳止，就连心中的抑郁似乎也被陈皮和普洱茶洗了去。从此，每喝普洱茶，都喜爱加上陈皮一同泡着喝。

久而久之，当地人都觉得这两者恰如"金风玉露一相逢"，还有人改进了陈皮普洱茶的制作方法，并流传开来。

According to legend, Luo Tianchi, a scholar of Guangdong Xinhui in Qing Dynasty, was an official in Yunnan. When he was old, he returned home and brought back many local Pu'er tea. The first autumn when he returned home, he caught a cold. His wife mistakenly poured the orange peel soup into the teapot with the orange peel boiling water. After drinking a few mouthfuls, He found that there was a strange aroma in the tea. It tasted rich and sweet. Several days later, phlegm resolves cough, and even the depression in the heart seems washed away by orange peel and Pu'er tea.

So far, every drink of Pu'er tea, they like to add orange peel to soak and drink together.

## | 字体使用注意事项 |

### 慎用特殊字体、手写体和书法体字

　　有些新手认为正文内容用比较难以识别的特殊字体、手写体或书法体进行排版更具有设计感。这种观点是错误的，常规字体远比特殊字体、手写体和书法体便于阅读。总之，常规的内文排版尽量使用常规字体，如黑体或宋体。

## 正文避免全部使用加粗字体

　　正文尽量避免全部使用加粗字体，较细的字体更便于阅读，因此很多刊物、图书的正文都使用较细的字体。因为正文的文字普遍较多，所以字号通常较小。较粗的字体容易使版面显得模糊，而且长时间阅读较粗的字体容易引起视觉疲劳。可以选择对重要信息局部加粗或加粗并添加颜色，起到提示的作用。

# | 选择字体 |

## 根据调性选择字体

设计师选择的字体一定要与客户的需求相符。

在屏幕上展示主要内容时，如果选择宋体或衬线体，有可能效果会比较模糊，影响识别度，因此一些PPT会选择黑体进行排版。在设计重工类企业画册时，标题选择宋体会显得过于柔和，而选择黑体会显得更加醒目、稳重、大气，且能够体现企业的形象和气质。

对于风格严肃、稳重的版式，一般选择比较规整的字体；对于风格轻松、明快的版式，一般选择衬线体或手写体。总之，要根据不同的需求来选择合适的字体。

## 根据情感选择字体

不同版面中的内容想要表达的情感不一样，要根据内容所表达的情感选择字体。很多设计师没有完整阅读内容就开始设计，认为只要将版面做得漂亮就行。这样很可能导致后期不断对设计进行修改。

如果内容偏中国风，毛笔字体是一个不错的选择；如果内容偏清新文学风，较粗的毛笔字体或楷体就不合适了，这时可选择宋体，宋体能更好地表达相应的感觉。

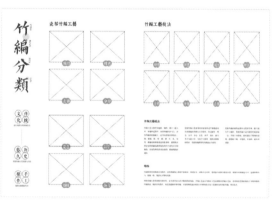

# Day 2
## 文字的五大距离

文字之间的距离能影响版面设计的整体效果和读者的阅读感受，因此了解文字之间的距离可以帮助新手设计师快速入门版式设计。

## │ 字距 │

字距又称字间距，是指文字之间的距离。一般来说，字号较小时，字距往往不用调整；字号较大时，为了使内容更便于阅读，则需要调整字距。

字距会随着字号的大小而发生变化。相同的字体字号越小，字距就越小；字号越大，字距就越大。另外，选择不同的字体，字号和字距都会有差异。

字体笔画粗细不同，字距在视觉上会有差异。在相同字号的情况下，笔画较粗的字体视觉效果更饱满，笔画较细的字体视觉上显得更空。所以并非所有设计都采用固定的参数，更加重要的是让版面达到视觉平衡。

字号同为20

我是设计师
我是设计师

同样使用微软雅黑字体，字体笔画粗细不同时，字距看起来会有变化。

设计　设计　设计

字距要适中，不能过大或过小。字距越小，文字内容在版面中所占据的空间越小。因此，在正文排版时，字距能够影响整体效果。

字距是指字间距，也就是文字与文字之间的距离。 -20

字距是指字间距，也就是文字与文字之间的距离。 0

字距是指字间距，也就是文字与文字之间的距离。 20

字距是指字间距，也就是文字与文字之间的距离。 50

随着字距的调整，阅读的紧凑度会发生变化，文字过于密集或过于疏松都会影响阅读。如果是标题设计，那么较大的字距对于整个版面影响较小，甚至很多标题需要通过较大的字距来表现。如果是正文设计，那么较大的字距容易引起读者"跳读"。总之，字距的调整能够很好地控制读者的阅读速度。往往字距越小，阅读就越急促；字距越大，阅读就越慢。

**优雅木脚**/Elegant wooden feet

灵感来源于汽车外形，从色泽、外形流线上打造出豪华车所带来的那种霸气、尊贵与时尚魅力。与此同时，通过一些角度设计提升整体舒适度，让顾客真实体会到头等舱般的舒适感受。

Inspired by the shape of the car, it creates the domineering, noble and fashionable charm brought by the luxury car from the color and shape streamline. At the same time, the overall comfort is improved through some angle design, so that customers can truly experience the comfort of first-class cabin.

 字距:20%

**优雅木脚**/Elegant wooden feet

灵感来源于汽车外形，从色泽、外形流线上打造出豪华车所带来的那种霸气、尊贵与时尚魅力。与此同时，通过一些角度设计提升整体舒适度，让顾客真实体会到头等舱般的舒适感受。

Inspired by the shape of the car, it creates the domineering, noble and fashionable charm brought by the luxury car from the color and shape streamline. At the same time, the overall comfort is improved through some angle design, so that customers can truly experience the comfort of first-class cabin.

 字距:-10%

不同字距效果对比

灵感来源于汽车外形，从色泽、外形流线上打造豪华车所带来的那种霸气、尊贵与时尚魅力，与此同时，通过一些角度设计提升整体舒适度，让顾客真实感受到头等舱般的舒适。灵感来源于汽车外形，从色泽、外形流线上打造豪华车所带来的那种霸气、尊贵与时尚魅力，与此同时，通过一些角度设计提升整体舒适度，让顾客真实感受到头等舱般的舒适。

字距:-10%

灵感来源于汽车外形，从色泽、外形流线上打造豪华车所带来的那种霸气、尊贵与时尚魅力，与此同时，通过一些角度设计提升整体舒适度，让顾客真实感受到头等舱般的舒适。灵感来源于汽车外形，从色泽、外形流线上打造豪华车所带来的那种霸气、尊贵与时尚魅力，与此同时，通过一些角度设计提升整体舒适度，让顾客真实感受到头等舱般的舒适。

字距:50%

灵感来源于汽车外形，从色泽、外形流线上打造豪华车所带来的那种霸气、尊贵与时尚魅力，与此同时，通过一些角度设计提升整体舒适度，让顾客真实感受到头等舱般的舒适。灵感来源于汽车外形，从色泽、外形流线上打造豪华车所带来的那种霸气、尊贵与时尚魅力，与此同时，通过一些角度设计提升整体舒适度，让顾客真实感受到头等舱般的舒适。

字距:80%

不同字距效果对比

# | 行距 |

行距又称行间距，是指两行文字之间的距离。行距影响着读者能否顺畅阅读，行距的设定主要取决于内容量。如果内容量较多，无论是行距还是字距都应设置得小一些，这样既节省空间，又方便其他内容排版；反之，行距应设置得较大。总之，设置行距需要谨慎，防止读者产生"跳读"的问题。

字距：-10% 行距：80%

灵感来源于汽车外形，从色泽、外形流线上打造出豪华车所带来的那种霸气、尊贵与时尚魅力。与此同时，通过一些角度设计提升整体舒适度，让顾客真实体会到头等舱般的舒适感受。灵感来源于汽车外形，从色泽、外形流线上打造出豪华车所带来的那种霸气、尊贵与时尚魅力。与此同时，通过一些角度设计提升整体舒适度，让顾客真实体会到头等舱般的舒适感受。

字距：-10% 行距：100%【默认】

灵感来源于汽车外形，从色泽、外形流线上打造出豪华车所带来的那种霸气、尊贵与时尚魅力。与此同时，通过一些角度设计提升整体舒适度，让顾客真实体会到头等舱般的舒适感受。灵感来源于汽车外形，从色泽、外形流线上打造出豪华车所带来的那种霸气、尊贵与时尚魅力。与此同时，通过一些角度设计提升整体舒适度，让顾客真实体会到头等舱般的舒适感受。

字距：-10% 行距：120%

灵感来源于汽车外形，从色泽、外形流线上打造出豪华车所带来的那种霸气、尊贵与时尚魅力。与此同时，通过一些角度设计提升整体舒适度，让顾客真实体会到头等舱般的舒适感受。灵感来源于汽车外形，从色泽、外形流线上打造出豪华车所带来的那种霸气、尊贵与时尚魅力。与此同时，通过一些角度设计提升整体舒适度，让顾客真实体会到头等舱般的舒适感受。

字距：-10% 行距：140%

灵感来源于汽车外形，从色泽、外形流线上打造出豪华车所带来的那种霸气、尊贵与时尚魅力。与此同时，通过一些角度设计提升整体舒适度，让顾客真实体会到头等舱般的舒适感受。灵感来源于汽车外形，从色泽、外形流线上打造出豪华车所带来的那种霸气、尊贵与时尚魅力。与此同时，通过一些角度设计提升整体舒适度，让顾客真实体会到头等舱般的舒适感受。

字距：-10% 行距：180%

灵感来源于汽车外形，从色泽、外形流线上打造出豪华车所带来的那种霸气、尊贵与时尚魅力。与此同时，通过一些角度设计提升整体舒适度，让顾客真实体会到头等舱般的舒适感受。灵感来源于汽车外形，从色泽、外形流线上打造出豪华车所带来的那种霸气、尊贵与时尚魅力。与此同时，通过一些角度设计提升整体舒适度，让顾客真实体会到头等舱般的舒适感受。

字距：-10% 行距：220%

灵感来源于汽车外形，从色泽、外形流线上打造出豪华车所带来的那种霸气、尊贵与时尚魅力。与此同时，通过一些角度设计提升整体舒适度，让顾客真实体会到头等舱般的舒适感受。灵感来源于汽车外形，从色泽、外形流线上打造出豪华车所带来的那种霸气、尊贵与时尚魅力。与此同时，通过一些角度设计提升整体舒适度，让顾客真实体会到头等舱般的舒适感受。

字距相同，行距变化效果对比

# | 段距 |

段距是指段落之间的距离，包括前距离与后距离。段距的主要作用是让读者清晰地分辨内容的开头与结尾、厘清段落之间的关系。合理的段距能缓解读者的阅读疲劳，让版面具有更加丰富的阅读层级感。

段距的常规设定是从一个行距开始逐渐递增的，递增的数值会随着字号的大小而发生变化。以字高的一半作为参考逐渐递增，能减少90%左右的参数误区，因此可以考虑用半个字高作为1格参数来调整段距。

字距：-10% 行距：140%

灵感来源于汽车外形，从色泽、外形流线上打造出豪华车所带来的那种霸气、尊贵与时尚魅力。与此同时，通过一些角度设计提升整体舒适度，让顾客真实体会到头等舱般的舒适感受。灵感来源于汽车外形，从色泽、外形流线上打造出豪华车所带来的那种霸气、尊贵与时尚魅力。与此同时，通过一些角度设计提升整体舒适度，让顾客真实体会到头等舱般的舒适感受。

美观大方的经典锥形沙发脚，采用实木作为原材料，稳固，具有超强承重力，经十几道打磨工艺及做旧工艺，防腐耐用。采用优别致的自然褶皱设计，打造出浓厚意式古典尊贵气质。填充饱满的扶手，能够更好地承托手臂力量，释放压力。

字距：-10% 行距：140%

灵感来源于汽车外形，从色泽、外形流线上打造出豪华车所带来的那种霸气、尊贵与时尚魅力。与此同时，通过一些角度设计提升整体舒适度，让顾客真实体会到头等舱般的舒适感受。灵感来源于汽车外形，从色泽、外形流线上打造出豪华车所带来的那种霸气、尊贵与时尚魅力。与此同时，通过一些角度设计提升整体舒适度，让顾客真实体会到头等舱般的舒适感受。

美观大方的经典锥形沙发脚，采用实木作为原材料，稳固，具有超强承重力，经十几道打磨工艺及做旧工艺，防腐耐用。采用优雅别致的自然褶皱设计，打造出浓厚意式古典尊贵气质。填充饱满的扶手，能够更好地承托手臂力量，释放压力。

字距、行距相同，段距变化效果对比

# | 栏距 |

如果说字距控制文字之间的距离，行距控制行之间的关联度，段距控制内容的层级关系，那么栏距则是这3个距离的"顶头上司"，控制着整个版面的空间关系。

阅读的舒适度主要取决于行长。行长是指一行文字的字数。合适的行长是分栏的前提，如果字数较多，行长可以适当加大。一般情况下，行长控制在15~45个字比较合适。

**一行基准字数：85**

灵感来源于汽车外形，从色泽、外形流线上打造出豪华车所带来的那种霸气、尊贵与时尚魅力。与此同时，通过一些角度设计提升整体舒适度，让顾客真实体会到头等舱般的舒适感受。灵感来源于汽车外形，从色泽、外形流线上打造出豪华车所带来的那种霸气、尊贵与时尚魅力。与此同时，通过一些角度设计提升整体舒适度，让顾客真实体会到头等舱般的舒适感受。美观大方的经典锥形沙发脚，采用实木作为原材料，稳固，具有超强承重力，经十几道打磨工艺及做旧工艺，防腐耐用。采用优雅别致的自然褶皱设计，打造出浓厚意式古典尊贵气质。填充饱满的扶手，能够更好地承托手臂力量，释放压力。

**一行基准字数：66**

灵感来源于汽车外形，从色泽、外形流线上打造出豪华车所带来的那种霸气、尊贵与时尚魅力。与此同时，通过一些角度设计提升整体舒适度，让顾客真实体会到头等舱般的舒适感受。灵感来源于汽车外形，从色泽、外形流线上打造出豪华车所带来的那种霸气、尊贵与时尚魅力。与此同时，通过一些角度设计提升整体舒适度，让顾客真实体会到头等舱般的舒适感受。美观大方的经典锥形沙发脚，采用实木作为原材料，稳固，具有超强承重力，经十几道打磨工艺及做旧工艺，防腐耐用。采用优雅别致的自然褶皱设计，打造出浓厚意式古典尊贵气质。填充饱满的扶手，能够更好地承托手臂力量，释放压力。

**一行基准字数：55**

灵感来源于汽车外形，从色泽、外形流线上打造出豪华车所带来的那种霸气、尊贵与时尚魅力。与此同时，通过一些角度设计提升整体舒适度，让顾客真实体会到头等舱般的舒适感受。灵感来源于汽车外形，从色泽、外形流线上打造出豪华车所带来的那种霸气、尊贵与时尚魅力。与此同时，通过一些角度设计提升整体舒适度，让顾客真实体会到头等舱般的舒适感受。美观大方的经典锥形沙发脚，采用实木作为原材料，稳固，具有超强承重力，经十几道打磨工艺及做旧工艺，防腐耐用。采用优雅别致的自然褶皱设计，打造出浓厚意式古典尊贵气质。填充饱满的扶手，能够更好地承托手臂力量，释放压力。

**一行基准字数：44**

灵感来源于汽车外形，从色泽、外形流线上打造出豪华车所带来的那种霸气、尊贵与时尚魅力。与此同时，通过一些角度设计提升整体舒适度，让顾客真实体会到头等舱般的舒适感受。灵感来源于汽车外形，从色泽、外形流线上打造出豪华车所带来的那种霸气、尊贵与时尚魅力。与此同时，通过一些角度设计提升整体舒适度，让顾客真实体会到头等舱般的舒适感受。美观大方的经典锥形沙发脚，采用实木作为原材料，稳固，具有超强承重力，经十几道打磨工艺及做旧工艺，防腐耐用。采用优雅别致的自然褶皱设计，打造出浓厚意式古典尊贵气质。填充饱满的扶手，能够更好地承托手臂力量，释放压力。

**一行基准字数：27**

灵感来源于汽车外形，从色泽、外形流线上打造出豪华车所带来的那种霸气、尊贵与时尚魅力。与此同时，通过一些角度设计提升整体舒适度，让顾客真实体会到头等舱般的舒适感受。灵感来源于汽车外形，从色泽、外形流线上打造出豪华车所带来的那种霸气、尊贵与时尚魅力。与此同时，通过一些角度设计提升整体舒适度，让顾客真实体会到头等舱般的舒适感受。

美观大方的经典锥形沙发脚，采用实木作为原材料，稳固，具有超强承重力，经十几道打磨工艺及做旧工艺，防腐耐用。采用优雅别致的自然褶皱设计，打造出浓厚意式古典尊贵气质。填充饱满的扶手，能够更好地承托手臂力量，释放压力。

**一行基准字数：20**

灵感来源于汽车外形，从色泽、外形流线上打造出豪华车所带来的那种霸气、尊贵与时尚魅力。与此同时，通过一些角度设计提升整体舒适度，让顾客真实体会到头等舱般的舒适感受。灵感来源于汽车外形，从色泽、外形流线上打造出豪华车所带来的那种霸气、尊贵与时尚魅力。与此同时，通过一些角度设计提升整体舒适度，让顾客真实体会到头等舱般的舒适感受。

美观大方的经典锥形沙发脚，采用实木作为原材料，稳固，具有超强承重力，经十几道打磨工艺及做旧工艺，防腐耐用。采用优雅别致的自然褶皱设计，打造出浓厚意式古典尊贵气质。填充饱满的扶手，能够更好地承托手臂力量，释放压力。

不同行长效果对比

了解行长之后再来看栏距。栏距的参数值会随着字号的大小而发生改变，这里使用一个字宽作为一格来进行讲解。

我们看下方第1段和第2段的内容可以发现，由于栏距设置较小，容易出现"串读"的情况。第3段的4格则显得更加清晰，能够瞬间分清楚左右两部分。第4段的8格则让两部分变得疏远，导致内容难以产生关联。

字距:-10% 行距:140%

灵感来源于汽车外形，从色泽、外形流线上打造出豪华车所带来的那种霸气、尊贵与时尚魅力。与此同时，通过一些角度设计提升整体舒适度，让顾客真实体会到头等舱般的舒适感受。灵感来源于汽车外形，从色泽、外形流线上打造出豪华车所带来的那种霸气、尊贵与时尚魅力。与此同时，通过一些角度设计提升整体舒适度，让顾客真实体会到头等舱般的舒适感受。

美观大方的经典锥形沙发脚，采用实木作为原材料，稳固，具有超强承重力，经十几道打磨工艺及做旧工艺，防腐耐用。采用优雅别致的自然褶皱设计，打造出浓厚意式古典尊贵气质。填充饱满的扶手，能够更好地承托手臂力量，释放压力。

字距:-10% 行距:140%

灵感来源于汽车外形，从色泽、外形流线上打造出豪华车所带来的那种霸气、尊贵与时尚魅力。与此同时，通过一些角度设计提升整体舒适度，让顾客真实体会到头等舱般的舒适感受。灵感来源于汽车外形，从色泽、外形流线上打造出豪华车所带来的那种霸气、尊贵与时尚魅力。与此同时，通过一些角度设计提升整体舒适度，让顾客真实体会到头等舱般的舒适感受。

美观大方的经典锥形沙发脚，采用实木作为原材料，稳固，具有超强承重力，经十几道打磨工艺及做旧工艺，防腐耐用。采用优雅别致的自然褶皱设计，打造出浓厚意式古典尊贵气质。填充饱满的扶手，能够更好地承托手臂力量，释放压力。

字距:-10% 行距:140%

灵感来源于汽车外形，从色泽、外形流线上打造出豪华车所带来的那种霸气、尊贵与时尚魅力。与此同时，通过一些角度设计提升整体舒适度，让顾客真实体会到头等舱般的舒适感受。灵感来源于汽车外形，从色泽、外形流线上打造出豪华车所带来的那种霸气、尊贵与时尚魅力。与此同时，通过一些角度设计提升整体舒适度，让顾客真实体会到头等舱般的舒适感受。

美观大方的经典锥形沙发脚，采用实木作为原材料，稳固，具有超强承重力，经十几道打磨工艺及做旧工艺，防腐耐用。采用优雅别致的自然褶皱设计，打造出浓厚意式古典尊贵气质。填充饱满的扶手，能够更好地承托手臂力量，释放压力。

字距:-10% 行距:140%

灵感来源于汽车外形，从色泽、外形流线上打造出豪华车所带来的那种霸气、尊贵与时尚魅力。与此同时，通过一些角度设计提升整体舒适度，让顾客真实体会到头等舱般的舒适感受。灵感来源于汽车外形，从色泽、外形流线上打造出豪华车所带来的那种霸气、尊贵与时尚魅力。与此同时，通过一些角度设计提升整体舒适度，让顾客真实体会到头等舱般的舒适感受。

美观大方的经典锥形沙发脚，采用实木作为原材料，稳固，具有超强承重力，经十几道打磨工艺及做旧工艺，防腐耐用。采用优雅别致的自然褶皱设计，打造出浓厚意式古典尊贵气质。填充饱满的扶手，能够更好地承托手臂力量，释放压力。

## | 视觉间距 |

对于设计师而言，确定一些有效参数是必要的，但设计不能只依赖参数，根据视觉效果进行调整，将设计控制在一定范围内才能做出好的设计。

有时候会遇到不可控的情况，即无法通过参数调整好所有内容。例如，下图第一行单词中A与V之间的距离与其他字母之间的距离在视觉上不统一，导致A与V有一种疏远的错觉。下图第二行的单词则是通过视觉观察调整后的效果。这就是根据参数调整与根据视觉效果调整的区别。在设计中，根据参数进行调整后可根据实际视觉效果对内容进行微调。

# AVAILABLE
# AVAILABLE

## Day 3
## 排版的基础法则

在进行编辑排版时，文字的编排和细节处理尤为重要，它们直接影响着整个版面的美观性和阅读的舒适度。

## | 单字不成行 |

一个字或者某个符号单独成行，这在排版中是禁止的，即单字不成行。如果出现这类情况，可以对文本字距进行微调，也可拉宽或缩窄段落进行调整。

**优雅木脚**/Elegant Wooden Feet

灵感来源于汽车外形，从色泽、外形流线上打造出豪华车所带来的那种霸气、尊贵与时尚魅力。与此同时，通过一些角度设计提升整体舒适度，让顾客真实体会到头等舱般的舒适感受。

 调整前

**优雅木脚**/Elegant Wooden Feet

灵感来源于汽车外形，从色泽、外形流线上打造出豪华车所带来的那种霸气、尊贵与时尚魅力。与此同时，通过一些角度设计提升整体舒适度，让顾客真实体会到头等舱般的舒适感受。

 调整后

## | 避免首字放大或下沉 |

首字放大或下沉是早期的设计方法，主要用于强调段落的开端，但现在基本不采用这种排版形式了，而是讲究均匀表现。为了起到强调和突出的作用，设计师会采用其他修饰手法代替首字放大或下沉的方法，如叠加小色块或在文字前添加小图标等。

**优雅木脚**/Elegant Wooden Feet

灵感来源于汽车外形，从色泽、外形流线上打造出豪华车所带来的那种霸气、尊贵与时尚魅力。与此同时，通过一些角度设计提升整体舒适度，让顾客真实体会到头等舱般的舒适感受。

调整前

**优雅木脚**/Elegant Wooden Feet

灵感来源于汽车外形，从色泽、外形流线上打造出豪华车所带来的那种霸气、尊贵与时尚魅力。与此同时，通过一些角度设计提升整体舒适度，让顾客真实体会到头等舱般的舒适感受。

调整后

## | 首行空两格 |

首行空两格是为了强调文段的开端。人们对这种设计形式有争议。在设计时如果客户不特别要求，笔者不主张采用这种设计形式。

**优雅木脚**/Elegant Wooden Feet

灵感来源于汽车外形，从色泽、外形流线上打造出豪华车所带来的那种霸气、尊贵与时尚魅力。与此同时，通过一些角度设计提升整体舒适度，让顾客真实体会到头等舱般的舒适感受。

调整前

**优雅木脚**/Elegant Wooden Feet

灵感来源于汽车外形，从色泽、外形流线上打造出豪华车所带来的那种霸气、尊贵与时尚魅力。与此同时，通过一些角度设计提升整体舒适度，让顾客真实体会到头等舱般的舒适感受。

调整后

## | 避头尾 |

在文段排版时会出现符号在行首的情况，这就需要根据避头尾法则进行处理，让文本更加整齐。

软件不同，对避头尾法则有不同的处理方法。例如，CorelDRAW会自动对文段进行避头尾处理，Illustrator需要调整"无""宽松""严格"等模式。注意，无论通过哪种方法，都应避免出现调整后的文段局部字距过大的情况。

**优雅木脚**/Elegant Wooden Feet

灵感来源于汽车外形，从色泽、外形流线上打造出豪华车所带来的那种霸气、尊贵与时尚魅力。与此同时，通过一些角度设计提升整体舒适度，让顾客真实体会到头等舱般的舒适感受。

 调整前

**优雅木脚**/Elegant Wooden Feet

灵感来源于汽车外形，从色泽、外形流线上打造出豪华车所带来的那种霸气、尊贵与时尚魅力。与此同时，通过一些角度设计提升整体舒适度，让顾客真实体会到头等舱般的舒适感受。

 调整后

# | 标题不落底 |

如果遇到空间不够造成标题落底的情况，那么需要重新调整版面空间。标题是一段文字的概括表达，如果标题落底会让读者产生困惑，对文字的安排产生抵触情绪，出现阅读不流畅的情况。

# | 对齐 |

对齐是排版的第一要诀。每个设计元素都不是独立存在的，元素之间都会存在一定的依附关系。但过度依赖对齐会给版面造成负担，容易使版面显得过于呆板。

## 左对齐

左对齐是指文段贴齐左侧边界，符合人们从左往右的阅读习惯，适用于行长较长、内容较多的文段。缺点是右侧会因为字体与标点符号之间的空隙不同形成大小不同的小块留白区域。

**600,000**
—
Years Of Sales
年销量大关

**Company Profile**
—
公司简介

它是德国汽车王国桂冠上最璀璨的一颗明珠，它是传奇的汽车始祖。它诞生以来的 100 多年里，每一次亮相都伴随着人们艳羡的目光。它血统纯正、工艺精良，众人梦寐以求却不敢轻易染指。这，就是梅赛德斯-奔驰（Mercedes-Benz）。

It is the most brilliant pearl in the crown of the German automobile kingdom. It is the legendary ancestor of automobiles. For more than 100 years since its birth, every appearance has been accompanied by people's envious eyes. It is pure in origin and exquisite in craftsmanship, which people dream of but dare not easily dye their fingers. This is Mercedes-Benz.

## 居中对齐

居中对齐是指文段的文字向中间集中，使整个段落或整篇文章都整齐地在页面中间显示。居中对齐在很多时候并不适合运用在正文中，因为这会使内容的开始与结束处不明确，比较影响阅读。

居中对齐的版面效果相对来说比较稳定，重心也比较容易把控。采用居中对齐方式时需要控制文字数量，一般用于只有两三行或者句子较短的情况。少量内容居中对齐能强调版面中的重点信息或形成精彩点缀。

## 右对齐

海报设计中经常会用右对齐的方式对单独提炼的内容进行展示，大多数情况下将右对齐与竖排排版的方式相结合。

横排情况下，因为换行起始点不固定，加上字数与标点符号的占位不同，右对齐有时会影响正文阅读的流畅性。

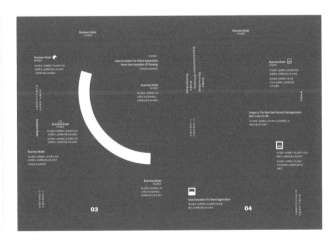

## 对齐的经验总结

第1点：新手尽可能只采用一种对齐方式，避免使版面混乱。

第2点：对齐需要统一性，对齐的根本目的是让版面变得有条理且视觉统一。

第3点：除左对齐、居中对齐、右对齐之外，还有顶对齐、底对齐等。无论采用哪种对齐方式，目的都是让元素排列整齐。

# | 对比 |

如果说对齐是规划版面的快速方式，那么对比则是优化版面视觉设计效果的最佳选择。对比能够快速划分出版面内容的主次关系和信息层级。

如果作为客户，你会选择下面哪种文案排版呢？很明显会选择第2种，因为第2种排版相比于第1种而言，标题能与正文之间形成明显的层级对比，并且正文的行距与标题到正文的距离并不相同，形成了对比。

相比于正文而言，标题更需要突出重点。下面第2种排版将数字进行放大处理，让重点更加突出。

### 对比的经验总结

第1点：先对齐，将各元素摆放整齐，再对比，以强调变化，即"先整齐，后变化"。

第2点：强调性的对比不要太多。

第3点：留白区域大小不同也是一种对比。

## | 重复 |

在文案排版中，标题的字号一致、正文的字号和颜色一致、提炼内容的颜色一致、页码的位置与样式一致等都是重复法则的具体表现。重复法则可以让版面之间形成很好的关联性。

重复法则不限制元素造型。例如，造型不一样的黄色给人的视觉感受是差不多的。重复法则可以打破造型给人的固有印象，还可以强调某个已有的元素，无论是标题的重复处理还是正文的重复处理都能起到这样的作用。重复能以版面中的某个元素为媒介体现翻页页面内容的关联性。

### 重复的经验总结

第1点：重复在对齐和对比设置完成之后应用，目的在于统一与强调，能直接增强元素的视觉印象，让画面变得生动灵活。

第2点：重复不局限于造型，还可以是文案处理、色彩处理等的重复，不同的处理方法可以叠加使用，但不宜过多。

## | 亲密性 |

亲密性比较容易被忽略。亲密性又称版面的统一性、关联性等。亲密性的根本目的在于将零散的元素或不同的页面紧密关联在一起，使其凝聚为一个整体进行表达。

将应用对齐与对比的两张例图作为一组版面进行参考，与应用重复法则的两张例图为一组进行对比会发现，应用对齐与对比的版面很难体现出版面属于同一本册子的感觉，而应用重复法则的例图则可以轻易体现出版面属于同一本册子，这就是亲密性的体现。

对比

对齐

重复1

重复2

### 亲密性的经验总结

第1点：亲密性是一种辅助性法则，并非技巧性操作，但千万不要忽视。

第2点：应用亲密性法则的根本目的是使元素或页面之间产生关联，关联可以是多样化的。

## | 拓展法则 |

除了对齐、重复、对比、亲密性等版式设计基础法则，还有很多法则需要设计师慢慢深入挖掘，如直观性、易读性、美观性、完整性等。

**直观性**：强调版面中元素表现的准确性，能让读者在短时间内了解所要表达的内容。

**易读性**：易读性涉及很多东西。例如，字体太小或太密会使读者的阅读体验变差，装饰太多会让读者忽略内容等。版面中最重要的是要将内容表达清楚，并优化阅读体验。

**美观性**：美观性又称形式感。注意，美观性是建立在直观性与易读性的基础上的，不要过度追求美观性。

**完整性**：书稿或页面的各部分要完整，完整的页面会让人感到舒适。

# Day 4
# 文字排版中的组合

文字排版并不是使用某种字体，按顺序将文字铺装在页面中，而是要对字体进行组合，对文字部分进行局部优化。

## | 不同的组合方式 |

字体组合是版式设计中比较重要的细节处理方式。无论是单独提炼出的内容还是文章的标题，字体组合都能让版面产生丰富的节奏感，也能使内容的架构更加明确，还能让读者快速识别出文章段落。

### 相同字体标题与正文组合

阅读一篇文章时，以标题作为内容的切入点，可以快速掌握文章的阅读顺序与整体架构。因此，标题设计就显得尤为重要。

标题要区别于正文。为了让标题看起来更加明显，可以让标题字体的笔画粗一些，还可以增大字号。还可以改变标题的颜色，但需要控制色彩的使用量，避免使用色彩过多让版面变得太过花哨。

❌ 设计的灵感魅力
灵感来源于汽车外形，从色泽、外形流线上打造出豪华车所带来的那种霸气、尊贵与时尚魅力。与此同时，通过一些角度设计提升整体舒适度，让顾客真实体会到头等舱般的舒适感受。灵感来源于汽车外形，从色泽、外形流线上打造出豪华车所带来的那种霸气、尊贵与时尚魅力。与此同时，通过一些角度设计提升整体舒适度，让顾客真实体会到头等舱般的舒适感受。

✅ **设计的灵感魅力**
灵感来源于汽车外形，从色泽、外形流线上打造出豪华车所带来的那种霸气、尊贵与时尚魅力。与此同时，通过一些角度设计提升整体舒适度，让顾客真实体会到头等舱般的舒适感受。灵感来源于汽车外形，从色泽、外形流线上打造出豪华车所带来的那种霸气、尊贵与时尚魅力。与此同时，通过一些角度设计提升整体舒适度，让顾客真实体会到头等舱般的舒适感受。

✅ **设计的灵感魅力**
灵感来源于汽车外形，从色泽、外形流线上打造出豪华车所带来的那种霸气、尊贵与时尚魅力。与此同时，通过一些角度设计提升整体舒适度，让顾客真实体会到头等舱般的舒适感受。灵感来源于汽车外形，从色泽、外形流线上打造出豪华车所带来的那种霸气、尊贵与时尚魅力。与此同时，通过一些角度设计提升整体舒适度，让顾客真实体会到头等舱般的舒适感受。

## 不同字体标题与正文组合

不同字体的标题与正文搭配可以突出标题。例如，标题选择宋体，正文选择黑体，版面风格少了一份严谨，相对更加清新、文艺，层级架构更加清晰明了。选用不同的字体是一种好的设计方法，但需要适量使用。如果一个版面中每个标题的字体都不同，那么视觉效果会非常混乱。

○ **设计的灵感魅力**

不同的字体组合是版式设计中最精彩的细节处理。无论是单独提炼的少量内容还是文章中的副标题，文字的组合编排都能让信息产生丰富的节奏感，还能将内容的架构更加明确化，以及能让读者迅速地区分文章段落信息，很好地整理内容重点与划分信息等 。这是完成一个优秀作品必须掌握的技能，也是版式设计师一直在挑战的事情。

○ *设计的灵感魅力*

不同的字体组合是版式设计中最精彩的细节处理。无论是单独提炼的少量内容还是文章中的副标题，文字的组合编排都能让信息产生丰富的节奏感，还能将内容的架构更加明确化，以及能让读者迅速地区分文章段落信息，很好地整理内容重点与划分信息等 。这是完成一个优秀作品必须掌握的技能，也是版式设计师一直在挑战的事情。

## 组合装饰要适度

有的设计师为了让标题与内容之间层级分明，喜欢添加装饰或缩进内容。这样操作虽然能提升识别性，但容易分散读者的注意力。对于装饰的使用需要谨慎，有时还需要考虑标题与装饰之间的比例关系。

下方例子中，黑色圆点看起来较重，读者会不自觉地先注意到黑色圆点而忽略标题。这样不妥，需去掉黑色圆点。

当设计中一定需要添加装饰的时候，将装饰对齐会使内容更便于阅读。另外，还需要注意装饰与标题之间的比例关系。如果装饰所占比例较大，那么需要调整标题字体，避免导致阅读顺序混乱。

设计的灵感魅力
● 灵感来源于汽车外形，从色泽、外形流线上打造出豪华车所带来的那种霸气、尊贵与时尚魅力。
● 与此同时，通过一些角度设计提升整体舒适度，让顾客真实体会到头等舱般的舒适感受。
● 灵感来源于汽车外形，从色泽、外形流线上打造出豪华车所带来的那种霸气、尊贵与时尚魅力。
● 与此同时，通过一些角度设计提升整体舒适度，让顾客真实体会到头等舱般的舒适感受。

设计的灵感魅力
美观大方的经典藤形沙发脚，采用实木作为原材料，稳固，具有超强承重力，经十几道打磨工艺及做旧工艺，防腐耐用，采用优雅刷染的自然质感设计，打造出浓厚复古典尊贵气质。填充饱满的扶手，能够更好地承托手臂力量，释放压力。

设计的灵感魅力
● 灵感来源于汽车外形，从色泽、外形流线上打造出豪华车所带来的那种霸气、尊贵与时尚魅力。
● 与此同时，通过一些角度设计提升整体舒适度，让顾客真实体会到头等舱般的舒适感受。
● 灵感来源于汽车外形，从色泽、外形流线上打造出豪华车所带来的那种霸气、尊贵与时尚魅力。
● 与此同时，通过一些角度设计提升整体舒适度，让顾客真实体会到头等舱般的舒适感受。

设计的灵感魅力
● 美观大方的经典藤形沙发脚，采用实木作为原材料，稳固，具有超强承重力，经十八道打磨工艺及做旧工艺，防腐耐用。
● 采用优雅刷染的自然质感设计，打造出浓厚复古典尊贵气质。
● 填充饱满的扶手，能够更好地承托手臂力量，释放压力。

## 块面组合

除了上述几种基础的组合方式，还有一些其他的组合方式。组合的目的在于让版面在变化中趋于统一，让版面的表现力变得更加丰富。

## | 版式设计作品的运用 |

版式设计几乎涵盖了所有视觉类设计，如品牌设计、UI设计、图标设计等。版式设计作品可应用于印刷制作与线上传播。

## 用于印刷制作

用于印刷制作的版式设计作品包括画册、名片展架、导视与VI物料等，设计时要符合严格的印刷制作要求和标准，同时也需要考虑用户的使用体验，特别是工艺上的特殊处理。需要注意以下问题。

第1个：运用的字体字号较小、横向笔画过细，无法进行烫金或局部UV的制作。

第2个：字号较小容易因为材料局部溢出而糊字，一旦大面积制作，经济损失将很严重。

另外，对于图书来说，要严格把控字体的笔画粗细和字号大小及组合的节奏变化。需要穿插使用不同笔画粗细和字号大小的字体，以形成节奏变化，缓解视觉疲劳。

画册设计 名片设计-UV工艺

VI物料设计 导视设计

## 用于线上传播

用于线上传播的版式设计作品涉及电商、网页、UI等领域，用到的文字量较少，信息较为集中。另外，随着用户的要求越来越高，客户往往会要求设计师能用简短的文字表达出丰富的信息，还要具有相应的风格属性，所以主标题的字体创意设计越来越常见。在淘宝推广文案、电影推广海报及Banner设计中，走在潮流前端的设计作品会采用各种手段增强文字的表现力，让整体表现更具形式感。

网易云主页面+Banner推广页

# | 文字组合处理流程 |

文字组合的处理流程可以分为7个步骤——确定需要设计的文案、分析文案的阅读流程、选定字体、敲定基础组合的字号与排序方式、调整字体搭配均衡度、组合基础变化和组合深度变化。

## 确定需要设计的文案

设计前期的沟通是很重要的，任何设计都需要在前期沟通文案并确定文案的最终版本。如果在前期因为文案错误或不确定造成后期不断修改，是很麻烦的。敲定文案的最终版本，可以确保后续工作正常推进，避免多次改稿。

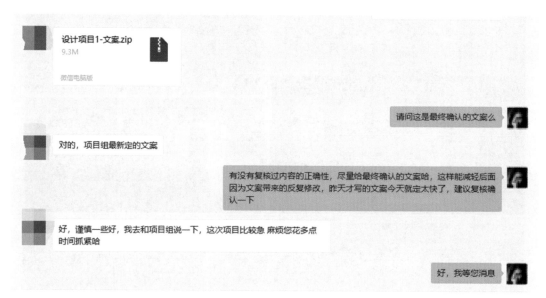

## 分析文案的阅读流程

分析文案的阅读流程是非常重要的步骤。设计并非盲目地拼凑，而是要根据设计师对项目的理解进行处理，且要遵循设计的逻辑。

断句不同，表达的意思可能会不一样。文字周围所预留出来的空间大小不同，会影响版面的饱满程度。

**Before**
**原信息文案**

从你的全世界路过
2014年第五届中国图书势力榜文学类十大好书

**主标题：**

① 从
你的全世界路过

② 从你的
全世界路过

③ 从你的全世界
路过

④ 从你的
全世界
路过

**副标题：**

① 2014年
第五届中国图书势力榜文学类十大好书

② 2014年第五届
中国图书势力榜文学类十大好书

③ 2014年
第五届中国图书势力榜
文学类十大好书

## 选定字体

黑体风格偏稳重，宋体风格偏文艺，楷体风格偏复古，手写体风格偏随意，书法体风格偏中国风。根据使用场景的不同，选择适合的字体并进行搭配能让设计师的设计工作事半功倍。

**Choice**
**选择字体**

黑体：
思源黑体
**从你的**
**全世界路过**

宋体：
思源宋体
**从你的**
**全世界路过**

倩体：
方正粗倩简体
**从你的**
**全世界路过**

圆体：
迷你简超粗圆
**从你的**
**全世界路过**

楷体：
字酷堂清楷体
*從你的*
*全世界路過*

书法体：
汉仪尚巍手书
*从你的*
*全世界路过*

手写体：
方正硬笔行书简体
*从你的*
*全世界路过*

卡通体：
方正彩云简体
**从你的**
**全世界路过**

创意字体：
方正剪纸简体
**从你的**
**全世界路过**

古体：
方正小篆体
篆体字
全世界路过

## 敲定基础组合的字号与排序方式

选定字体后，就要敲定基础组合的字号与排序方式，以明确文案的字重比例关系。选择字号的时候，需要根据信息的层级划分进行处理，重要的信息需要表达得更明显，修饰性信息不能喧宾夺主。

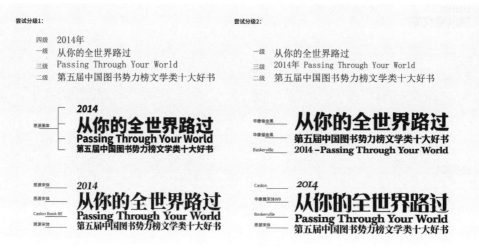

## 调整字体搭配均衡度

字体搭配的均衡度又称对比度，字体的笔画粗细和字号大小的对比度越高，均衡度越低。对于局部设计而言，均衡度高更具有统一性；对于个性化较强的版面而言，需要较低的均衡度。

**Sort**
处理字体均衡度

尝试分级1：⊗

**从你的全世界路过**
第五届中国图书势力榜文学类十大好书
2014 —Passing Through Your World

解说：第一行字体视觉重量比第二、第三行的明显重很多，容易造成头重脚轻的视觉体验；第三行数字后的横线与文字笔画粗细不一致，显得过于突兀。

调整分级1：✓

**从你的全世界路过**
第五届中国图书势力榜文学类十大好书
2014 —Passing Through Your World

解说：整体笔画粗细适当，视觉重量统一。

尝试分级2: ✗

# 从你的全世界路过
Passing Through Your World
第五届中国图书势力榜文学类十大好书

解说：观察主标题字体笔画粗细，对比第一行和第二行，可以很直观地发现第二行的字体相对较细、较尖锐，与主标题在视觉上处于不同级别，显得有些突兀。

调整分级2: ✓

# 从你的全世界路过
Passing Through Your World
第五届中国图书势力榜文学类十大好书

解说：选择字体的时候，因为字库的英文部分和中文部分会有差异，所以需要根据主标题的字体重新选择英文字体，以达到视觉统一。

尝试分级3: ✗

# 从你的全世界路过
第五届中国图书势力榜文学类十大好书
2014—Passing Through Your World

解说：很多新人喜欢追求变化，但需要知道的是，在保证均衡的基础上作出的变化才是合理的，行首文字的单字或者双字放大会显得过于突兀，无法达到视觉统一。

调整分级3: ✓

# 从你的全世界路过
第五届中国图书势力榜文学类十大好书
2014—Passing Through Your World

解说：主标题文字大小统一，字体均衡。

尝试分级4: ✗

# 从你的全世界路过
Passing Through Your World
第五届中国图书势力榜文学类十大好书

解说：主标题字体为宋体，第二行与第三行字体为黑体。在整体的表达当中，视觉上笔画粗细达到了统一，但是整体风格不统一了。在文字组合基础阶段，不建议初学者尝试黑体与宋体的结合，尽量保持黑体配黑体和宋体配宋体的字体搭配基础规范。

调整分级4: ✓

# 从你的全世界路过
Passing Through Your World
第五届中国图书势力榜文学类十大好书

解说：选择了主标题字体后，后面文字的字体与主标题的风格保持统一。

尝试分级5: ✗

# 从你的全世界路过
Passing through your world
第五届中国图书势力榜文学类十大好书

解说：主要问题在于，第二行的英文仅句首字母大写，后面的英文全部以小写的形式出现，这样容易使内容变得混乱，应全部字母大写或所有单词的首字母均大写。

调整分级5: ✓

# 从你的全世界路过
Passing Through Your World
第五届中国图书势力榜文学类十大好书

解说：每个单词都具有大写的承托，这样即使其他文字小写，也能有统一的视觉感受，可提升阅读舒适度。

## 组合基础变化

文字组合的基础变化可增强版面的形式感，过度修饰反而会影响文字的识别性。

黑体变化前

# 从你的全世界路过
第五届中国图书势力榜文学类十大好书
2014 — Passing Through Your World

变化后1

**2014**
# 从你的全世界路过
Passing Through Your World
第五届中国图书势力榜文学类十大好书

变化后2

**2014**
# 从你的全世界路过
—
**Passing Through Your World**
第五届中国图书势力榜文学类十大好书

变化后3

**2014**
# 从你的全世界路过
Passing All Over The Book World
第五届中国图书势力榜文学类十大好书

变化后4

**2014**
# 从你的全世界路过
Passing Through Your World
第五届中国图书势力榜文学类十大好书

变化后5

**②⓪①④**
# 从你的全世界路过
Passing Through Your World
第五届中国图书势力榜文学类十大好书

宋体变化前

# 从你的全世界路过
Passing Through Your World
第五届中国图书势力榜文学类十大好书

变化后1

# 从你的全世界路过
Passing Through Your World
第五届中国图书势力榜文学类十大好书

变化后2

# 從妳╳全世界路過
Passing Through Your World
2014 — 第五届中国图书势力榜文学类十大好书

变化后3

# 從妳╳全世界路過
Passing Through Your World
2014 — 第五届中国图书势力榜文学类十大好书

## 组合深度变化

组合的深度变化比较考验设计师的基础功底。在组合基础变化上进行调整，通常是通过进一步的组合变化形成不同的视觉感受，如常规的黑体与宋体互相搭配、衬线体与非衬线体混合使用、书法体与黑体或宋体搭配使用等。在这类变化中，使用的字体种类较多，表现层次也比较丰富，形式感比较强。

# | 线条的运用 |

在版式设计中经常会用到起辅助作用的线条，无论是长线还是短线，粗线还是细线，都可以辅助展示内容。运用线条进行设计是版式设计师必备的技能之一，因为线条既可以隔断空间也可以连接空间，既可以占据空间也可以节约空间。

## 线条的隔断与连接

观察下面两张图片，在线条粗细一样的情况下，左边线条起隔断作用，右边线条起连接作用。产生这两种不同视觉感受的关键在于文案字数的多少及线条距离正文的远近。

比较细的线条常起连接作用，比较粗的线条常起隔断作用。

线条的粗细对比经常运用在导视或包装贴纸的设计当中，方便观者区分信息。

品牌 / 欧阳威设计工作室

项目 / MERQ-1904-02

克重 / 135gsm

尺寸 / 1920px1080p
201mm x285mm

## 线条的灰度

根据内容选择合适的线条灰度值。这样可以让线条显得不突兀，且使信息层次分明。

**Company Profile**

公司简介

梅赛德斯汽车 主面清晰在上显示带你一种内饰，让您 带有透汽车别面图，让您 实力更加认强力布得，每一台的超型感觉融入 让您赏感已经，可工程制件，工艺融料，点人寻腺让 他的年度附近赛得，让，但 明快锅感触风气感 (Mercedes-Benz)。

It is the most brilliant pearl to be secured the German automobile kingdom. Mercedesphoto product, VEODEV of luxurious, Its innovative for and upscale decord, early association of fashion accumulation by complit's embossing to it is uscle origin and exquisite in collmanifes, with forecash dream of at dan not roads dye that fingers. (Mercedes-Benz)。

梅赛德斯 奔驰 (Mercedes-Benz)是驰名 世界各地的汽车品牌，付于中1900年，总部 设在斯图加特，性身人为卡尔本茨 (Karl Benz) 和2779441年 戴姆勒 (Gottlieb Daimler)，梅赛德斯奔驰 具有高端质感，最强动类汽车 产品品牌等，端于高端轿车 各款比 项目各种再上最前面的特风汽销至世界各地 等。

Mercedes Benz Mercedesphoto is a world-renowned luxury car brand, founded in 1900, headquarters based in Stuttgart, founded by Karl Benz and Gottlieb Daimler, Mercedes Benz automobile in high quality, and high-performance motor automotive products etc, additional to luxury cars, Mercedes Benz is also the world's most famous manufacturer of large buses and Setra trucks.

**Company Profile**

公司简介

梅赛德斯汽车 主面清晰在上显示带你一种内饰，让您 带有透汽车别面图，让您 实力更加认强力布得，每一台的超型感觉融入 让您赏感已经，可工程制件，工艺融料，点人寻腺让 他的年度附近赛得，让，但 明快锅感触风气感 (Mercedes-Benz)。

It is the most brilliant pearl to be secured the German automobile kingdom. Mercedesphoto product, VEODEV of luxurious, Its innovative for and upscale decord, early association of fashion accumulation by complit's embossing to it is uscle origin and exquisite in collmanifes, with forecash dream of at dan not roads dye that fingers. (Mercedes-Benz)。

梅赛德斯 奔驰 (Mercedes-Benz)是驰名 世界各地的汽车品牌，付于中1900年，总部 设在斯图加特，性身人为卡尔本茨 (Karl Benz) 和2779441年 戴姆勒 (Gottlieb Daimler)，梅赛德斯奔驰 具有高端质感，最强动类汽车 产品品牌等，端于高端轿车 各款比 项目各种再上最前面的特风汽销至世界各地 等。

Mercedes Benz Mercedesphoto is a world-renowned luxury car brand, founded in 1900, headquarters based in Stuttgart, founded by Karl Benz and Gottlieb Daimler, Mercedes Benz automobile in high quality, and high-performance motor automotive products etc, additional to luxury cars, Mercedes Benz is also the world's most famous manufacturer of large buses and Setra trucks.

左边灰度值100%，右边灰度值30%

**1900**
—
Founded In 1900
创立于1900年

**600,000**
—
Years Of Sales
年销量大关

**100**
—
Glorious History
诞生100多年

**132**
—
Glorious History
132年辉煌历史

**1900**
—
Founded In 1900
创立于1900年

**600,000**
—
Years Of Sales
年销量大关

**100**
—
Glorious History
诞生100多年

**132**
—
Glorious History
132年辉煌历史

上方灰度值100%，下方灰度值50%

## 隐形的观察线条

　　隐形的观察线条通常在元素对齐的情况下会出现。有两个以上的元素时，可运用隐形观察线条让版面变得更有条理。

　　网格就是一种常见的隐形观察线条，图片之间的间隙也可以看作隐形观察线条。

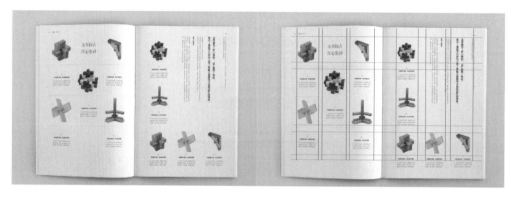

　　以配图中的建筑或景色元素作为隐形观察线条，是商业设计中比较常用的方法。

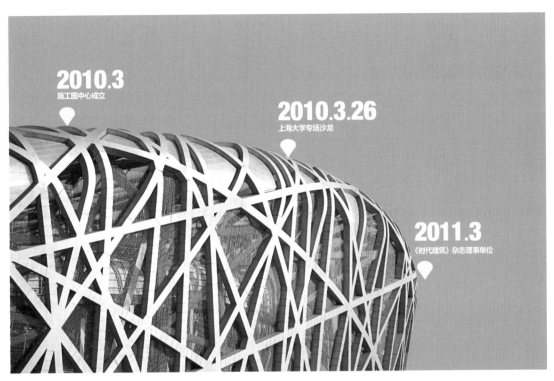

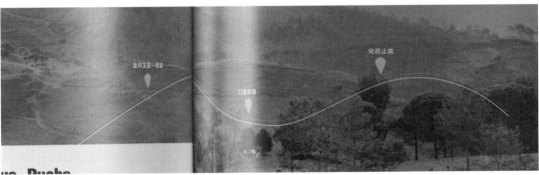

# Day 5
# 文字排版的调整技巧

文字排版很难一步到位。版面内容的调整是比较频繁的，主要包含正文、标题、页码和色块的调整与变化。

## 正文的调整与变化

正文的调整与变化相对于标题而言灵活性会差一些，因为正文的字数较多，需要较高的辨识度与易读性，如果变化过大会降低易读性。

### 正文的灰度值对比

字体灰度的调整并非单纯的黑白灰调整，还会涉及字体笔画的粗细变化。在常规的设计中，灰度值一般都不会太大，灰度值太大会让版面失衡。眯起眼睛观察版面中的标题与正文，灰度效果相差较大是正常的。

**Company Profile**
—
公司简介

它是德国汽车王国桂冠上最璀璨的一颗明珠，它是传奇的汽车始祖。它诞生以来的100多年里，每一次亮相都伴随着人们艳羡的目光。它血统纯正、工艺精良，众人梦寐以求却不敢轻易染指。这，就是梅赛德斯-奔驰（Mercedes-Benz）。

常规的正文与标题的灰度效果对比

它是德国汽车王国桂冠上最璀璨的一颗明珠，它是传奇的汽车始祖。它诞生以来的100多年里，每一次亮相都伴随着人们艳羡的目光。它血统纯正、工艺精良，众人梦寐以求却不敢轻易染指。这，就是梅赛德斯-奔驰（Mercedes-Benz）。

它是德国汽车王国桂冠上最璀璨的一颗明珠，它是传奇的汽车始祖。它诞生以来的100多年里，每一次亮相都伴随着人们艳羡的目光。它血统纯正、工艺精良，众人梦寐以求却不敢轻易染指。这，就是梅赛德斯-奔驰（Mercedes-Benz）。

不同字号文字的灰度效果对比

**它是德国汽车王国桂冠上最璀璨的一颗明珠,它是传奇的汽车始祖。它诞生以来的100多年里,每一次亮相都伴随着人们艳羡的目光。它血统纯正、工艺精良,众人梦寐以求却不敢轻易染指。这,就是梅赛德斯-奔驰(Mercedes-Benz)。**

它是德国汽车王国桂冠上最璀璨的一颗明珠,它是传奇的汽车始祖。它诞生以来的100多年里,每一次亮相都伴随着人们艳羡的目光。它血统纯正、工艺精良,众人梦寐以求却不敢轻易染指。这,就是梅赛德斯-奔驰(Mercedes-Benz)。

不同字号、不同字体家族字体的灰度效果对比

它是德国汽车王国桂冠上最璀璨的一颗明珠,它是传奇的汽车始祖。它诞生以来的100多年里,每一次亮相都伴随着人们艳羡的目光。它血统纯正、工艺精良,众人梦寐以求却不敢轻易染指。这,就是梅赛德斯-奔驰(Mercedes-Benz)。

它是德国汽车王国桂冠上最璀璨的一颗明珠,它是传奇的汽车始祖。它诞生以来的100多年里,每一次亮相都伴随着人们艳羡的目光。它血统纯正、工艺精良,众人梦寐以求却不敢轻易染指。这,就是梅赛德斯-奔驰(Mercedes-Benz)。

相同字体字号、不同字距文字的灰度效果对比

它是德国汽车王国桂冠上最璀璨的一颗明珠,它是传奇的汽车始祖。它诞生以来的100多年里,每一次亮相都伴随着人们艳羡的目光。它血统纯正、工艺精良,众人梦寐以求却不敢轻易染指。这,就是梅赛德斯-奔驰(Mercedes-Benz)。

它是德国汽车王国桂冠上最璀璨的一颗明珠,它是传奇的汽车始祖。它诞生以来的100多年里,每一次亮相都伴随着人们艳羡的目光。它血统纯正、工艺精良,众人梦寐以求却不敢轻易染指。这,就是梅赛德斯-奔驰(Mercedes-Benz)。

相同字体字号、不同行距文字的灰度效果对比

它是德国汽车王国桂冠上最璀璨的一颗明珠,它是传奇的汽车始祖。它诞生以来的100多年里,每一次亮相都伴随着人们艳羡的目光。它血统纯正、工艺精良,众人梦寐以求却不敢轻易染指。这,就是梅赛德斯-奔驰(Mercedes-Benz)。

它是德国汽车王国桂冠上最璀璨的一颗明珠,它是传奇的汽车始祖。它诞生以来的100多年里,每一次亮相都伴随着人们艳羡的目光。它血统纯正、工艺精良,众人梦寐以求却不敢轻易染指。这,就是梅赛德斯-奔驰(Mercedes-Benz)。

相同字号和行距、不同字体(思源黑体常规体与思源宋体常规体)文字的灰度效果对比

它是德国汽车王国桂冠上最璀璨的一颗明珠,它是传奇的汽车始祖。它诞生以来的100多年里,每一次亮相都伴随着人们艳羡的目光。它血统纯正、工艺精良,众人梦寐以求却不敢轻易染指。这,就是梅赛德斯-奔驰(Mercedes-Benz)。

它是德国汽车王国桂冠上最璀璨的一颗明珠,它是传奇的汽车始祖。它诞生以来的100多年里,每一次亮相都伴随着人们艳羡的目光。它血统纯正、工艺精良,众人梦寐以求却不敢轻易染指。这,就是梅赛德斯-奔驰(Mercedes-Benz)。

它是德国汽车王国桂冠上最璀璨的一颗明珠,它是传奇的汽车始祖。它诞生以来的100多年里,每一次亮相都伴随着人们艳羡的目光。它血统纯正、工艺精良,众人梦寐以求却不敢轻易染指。这,就是梅赛德斯-奔驰(Mercedes-Benz)。

相同字体字号、不同灰度(黑色100%、黑色80%、黑色60%)文字的灰度效果对比

它是德国汽车王国桂冠上最璀璨的一颗明珠,它是传奇的汽车始祖。它诞生以来的100多年里,每一次亮相都伴随着人们艳羡的目光。它血统纯正、工艺精良,众人梦寐以求却不敢轻易染指。这,就是梅赛德斯-奔驰(Mercedes-Benz)。

It is the most brilliant pearl in the crown of the German automobile kingdom. It is the legendary ancestor of automobiles. For more than 100 years since its birth, every appearance has been accompanied by people's envious eyes. It is pure in origin and exquisite in craftsmanship, which people dream of but dare not easily dye their fingers. This is Mercedes-Benz.

相同字体、字号、行距,中英文的灰度效果对比

## 正文的阅读节奏变化

正文的排版会根据设计需求进行调整,不同的设计需求需要采用不一样的设计技巧,设计出的版面给人的感觉会不一样。这需要我们明确版面中的视觉层级,从而改变版面的视觉呈现效果。

可以根据版面内容的多少适当运用线条,浅色线条能很好地隔断或连接版面内容,给人以不同的版面视觉呈现效果,有线条与没有线条呈现的饱满程度是不一样的。

　　一栏与两栏相结合能使版面更饱满，避免版面中出现过于强烈的刻意感，客户的阅读过程会更加顺畅。

　　文段每行的字数直接影响着版面的阅读节奏，每行字数少的文段能给人比较轻盈的感觉，每行字数多的文段会显得更加稳重。在不调整字体家族、字号大小、字体灰度的基础上，调整每行字数也能改变阅读的节奏与层级对比。

　　整段文案的文字加粗或改变颜色是比较常用的区分主次的手法，给人的视觉冲击力比较大。调整正文版面时，这种手法需要谨慎使用，因为这样容易与标题抢视觉焦点，从而出现主次关系混淆的问题。

添加装饰是划分正文层级的重要手段，能起到强调的作用，还可以给读者带来不错的视觉感受，但是比较考验设计师的掌控能力。装饰元素过多或过于复杂都容易让正文出现易读性降低或主次不分等基础性问题。

添加色块是设计师用于强调的常规手法，需要注意的是色块与文字的边距大小和色块色彩的深浅要适中。色彩过浅容易印刷不出来；色彩过深容易影响正文的阅读。一般情况下，采用5%黑或7%黑比较合适，其他颜色另当别论。

更换字体也是常用的排版技巧。在文字主要为黑体的版面中，某段需要特别强调的文案会被改成宋体或楷体等字体，这是为了在相同字号、字距的基础上直接利用字形的不同突出细节，即通过小幅度的调整做出具有强调性的版面。

## 孤行与单字

在正文排版时容易出现孤行或单字的情况。孤行是指一段文字的最后一行内容出现在另外一个页面或与正文关联较远的位置；单字是指文段中的最后一行只有一个中文字或一个英文单词。在行业中应该常听到"单字不成行"，这样的单字设计是不被允许的。孤行和单字的情况都要尽量避免。

梅赛德斯-奔驰(Mercedes-Benz)是世界知名的德国汽车品牌,创立于1900年,总部设在斯图加特,创建人为卡尔·本茨(Karl Benz)和戈特利布·戴姆勒(Gottlieb Daimler)。梅赛德斯-奔驰以高质量、高性能的汽车产品闻名于世,除了高档豪华轿车外,

奔驰公司还是世界上最著名的大客车和重型载重汽车的生产厂家。

Mercedes-Benz (Mercedes-Benz) is a world-renowned German car brand, founded in 1900, headquartered in Stuttgart, founded by Karl Benz and Gottlieb Daimler. Mercedes-Benz is famous for its high quality and high performance automotive products. In addition to luxury cars, Mercedes-Benz is also the world's most famous manufacturer of large buses and heavy trucks.

中文出现孤行现象

梅赛德斯-奔驰(Mercedes-Benz)是世界知名的德国汽车品牌,创立于1900年,总部设在斯图加特,创建人为卡尔·本茨(Karl Benz)和戈特利布·戴姆勒(Gottlieb Daimler)。梅赛德斯-奔驰以高质量、高性能的汽车产品闻名于世,除了高档豪华轿车外,奔驰公司还是世界上最著名的大客车和重型载重汽车的生产厂家。

Mercedes-Benz (Mercedes-Benz) is a world-renowned German car brand, founded in 1900, headquartered in Stuttgart, founded by Karl Benz and Gottlieb Daimler. Mercedes-Benz is famous for its high quality and high performance automotive products. In addition to luxury cars, Mercedes-Benz is also the world's most famous manufacturer of large buses and heavy trucks.

中英文出现单字现象

## | 标题的多种变化 |

标题排版会根据设计需求进行调整，标题可以说是版面中比较灵活的元素。标题可分为一级标题、二级标题、三级标题等，还可分为主标题、副标题、辅助标题或点缀标题等。读者可能对辅助标题和点缀标题比较陌生，可以把它们理解成在版面中提炼出的内容，用于辅助内容的表达。

标题是对正文的概括，用于吸引读者的注意力，让读者可以通过标题了解正文的大致内容，从而决定是否深入阅读。常规的副标题字号一般为10p~14p，主标题的字号则需要根据版面的需求进行调整。通常情况下，标题的字号一般会比正文大2p。标题可以根据需要切换不同的字形。

## 不同的标题变化

标题采用与正文相同的字体字号，直接加粗，层级表达比较直观。相同的字号，字体家族不同，给人的视觉体验也不一样，需要的版面承受能力也不一样，需要设计师认真考虑。

进一步调大标题字号进行对比，标题字号越大，层级划分越明显。注意，需要充分考虑标题的大小，因为画册设计并非海报设计，如果标题与正文的宽度一致，那么版面的美感就会丧失，甚至还会使读者产生错误的阅读认知。

12号字与14号字的标题对比

## 标题的粗细对比

当标题的局部字体笔画产生粗细对比时，会给人不同的阅读感受。拥有对比的标题会显得更加灵活。

## 换行处理的对比

换行处理后，标题具有更多的层级，版面显得更加饱满，内容的逻辑性更强，能给人带来一种高级感。

## 色块辅助

在标题上叠加色块是一种常用的手法。根据需要选择适合的色块造型和颜色与标题进行搭配，会给人一种眼前一亮的感觉。重复出现的色块能让页面的亲密性和关联性更强，使页面具有很好的延续性与可塑性。

## 改变字体

改变字体是标题设计中比较常用的手法，经常用于一些风格比较突出的版面中，具有很强的展示性，可以通过字体本身的个性和特点赋予版面相应的气质。另外，正文字形的变化也会影响对标题的处理。

⊙ 故宫四大门

故宫的正门叫"午门"，俗称五凤楼。东西北三面以12米高的城台相连，环抱一个方形广场。有1组建筑。正中有重楼，是9间面宽的大殿，重檐庑殿顶，在左右伸出两阙城墙上，建有联檐通脊的楼阁四座，明廊相连，两翼各有13间的殿屋向南伸出，四隅各有高大的角亭，辅翼着正殿。这种形状的门楼称为"阙门"，是中国古代大门中最高级的形式。这组城上的建筑，形势巍峨壮丽，是故宫宫殿群中第一高峰。

"神武门"，明朝时为"玄武门"，玄武为古代四神兽之一，从方位上讲，左青龙，右白虎，前朱雀，后玄武，玄武主北方，所以帝王宫殿的北宫门多取名"玄武"。清康熙年间因避讳改称"神武门"。神武门也是一座城门楼形式，用的最高等级的重檐庑殿式屋顶，但它的大殿只有五开间加围廊，没有左右向前伸展的两翼，所以在形制上要比午门低一个等级。神武门是宫内日常出入的门禁。现神武门为故宫博物院正门。

## 添加辅助线条

添加辅助线条在标题设计中也比较常见。在海报中出现的频率较高，在书刊中出现的频率较低。

## 局部放大处理

标题局部放大处理会占据更多空间，适用于内文文字较少的版面。

## 切割修饰

切割修饰手法在主标题设计中出现的频率较高，主标题的变化一般比副标题的变化多。切割修饰后，可以看到主标题保持了原有的识别度，美感直线提升。

## 倾斜文案调整

倾斜文案调整一般会出现在一些风格特别突出的版面中，常规风格的设计中出现的频率较低，请谨慎选择和使用。

## 穿插表达

穿插表达手法在海报设计中出现的频率比较高。穿插表达并不局限于色块，也可以是人物或图形。采用这种手法表达的风格或主题会特别明显。注意，穿插表达会"吃掉"一部分文字。这种手法往往出现在一些潮流类的版面中，普通商用版面中出现较少。

## 采用辅助图形

采用辅助图形的标题经常出现。图形往往会随着文案而改变，也会随着正文与标题的字体不同而变化，没有固定的标准。建议图形的数量不要太多，否则容易造成版面混乱。

## 搭配字形设计

越来越多的版面会搭配客户喜欢的字体设计。特别是在一些风格非常突出的刊物中，这种形式运用得越来越多。字形设计并非只在封面设计中出现，在正文设计中也会出现，能够给人一种眼前一亮的感觉，让整个版面表现出很强的设计感。注意，这种形式对设计师的综合能力有一定的要求，需要设计师不断提升自己的综合能力。

## 意義 傳承
BIAN BIAN BIAN BIAN

審美借鑒

### 實用性借鑒

### 裝飾審美借鑒

#### 造型之美

#### 編織設材

### 圖案之美

### 色彩之美

### 文化借鑒

### 結束導語

長—白—山
Changbai Mountain
養生草藥
Health herbs
手——册
Manual

野山參
WILD GINSENG

# | 页码的多种变化 |

页码是一个比较容易被忽略的细节，但它影响着整个版面的基调，所以需要重视页码设计。

## 页码的功能性

不能随意确定页码的位置。确定页码的位置时不仅需要考虑版面的需求，还需要考虑页码的功能性。下图就是不同位置页码功能性强弱示意图，请选择功能性强的位置安排页码。

## 页码的多种组合变化

页码的编排方式会根据项目的不同而改变，常规的编排方式有"纯页码"和"文字+页码"两种方式。其中"文字+页码"又分为下面几种方式。

企业名+页码：这是一种比较常用的页码编排方式，简洁明了。

 Mercedes-Benz  01/02          梅赛德斯-奔驰 - 01/02

企业图标+企业名+页码                    企业名+页码

内页事项+页码：这是一种比较巧妙的编排方式，在杂志与普通图书中使用的频率较高，读者在翻页的时候可以根据页码上的事项确认寻找的位置是否准确。

**企业简介 - 01/02**　　Company **profile** - 01/02　　企业简介 | **Company** profile - 01/02

内页事项（中文）+页码　　内页事项（英文）+页码　　内页事项（中英文）+页码

企业事项+宣传口号+页码：企业事项与内页事项不一样，企业事项一般是指整本刊物的事项总命名，添加宣传口号会显得比较商业化。这是商业手册与企业刊物中比较常用的页码编排方式。

**三十周年庆** | 让设计走遍全世界　01/02

形状+颜色+文字：这种编排方式呈现出的细节比较多，会使页面显得更加精致。选择这种编排方式，工作量会多一些，但比较容易出效果。

企业简介 | **Company** profile - 01/02

## | 色块的使用技巧 |

色块在版面中可以说是画龙点睛的部分，具有很强的可塑性，进可作为页面的重心，退可辅助某个元素进行聚焦和修饰的表达。

### 大色块

右图中的绿色色块，很突出，色彩印象高度浓缩。注意，在画册等刊物设计中一般只有一两个页面会用到这种色彩印象高度浓缩的展现方式。

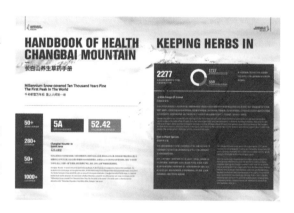

浅色色块主要用于收缩版面，当版面中的元素不足以铺满版面空间时可以使用。

　　局部提亮是表现主题内容的常用手法。相比于放大正文文字或修改正文字体颜色等方法，局部提亮的聚焦效果会更强，并且能有效解决大部分空间不足或者空间过剩的问题，是调整版面的一种常用方法。

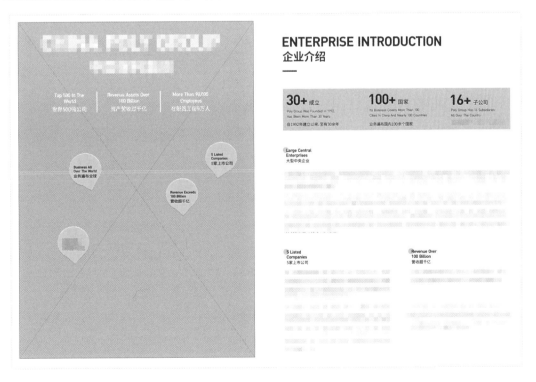

对比下方两个版面，有浅灰色色块的版面重心更加稳固。

## 小色块

小色块主要影响版面的细节展示效果，在小标题、正文局部、页码等部分的设计上都可以使用小色块进行辅助表现。小色块的作用是画龙点睛、提升版面的质感。在使用时注意，颜色的使用数量与色调的明暗度要适当。如果使用的颜色过暗，那么整个版面将黯淡无光；如果使用的颜色过亮，那么整个版面会缺少质感。

 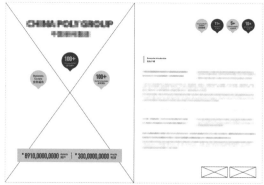

# 图片在版式设计中的应用

第 3 周 ————————— ╳

# Day 1 ~ Day 2
## 图片在版面中的多种呈现方式

图片是版式设计中极为重要的元素,设计师可以通过很多不同的图片组合方式与图片处理方式打造想要的版面。图片的处理手法与处理方式可能会直接影响版面的视觉效果,所以在进行版面设计的时候,图片的不同呈现方式是一大重点。处理手法与处理方式不同,最终表现出来的视觉效果也不同。这些处理手法与处理方式在影楼摄影中很常用,但是做版式设计时却很容易忽略它们。

## | 原图呈现 |

原图呈现是指将初始图片直接放入版面中进行排版,不需要做太多的处理,只需要图片的内容恰当、适合。这种方式常见于摄影图书或纪念册中。

## | 满版呈现 |

图片占据整个版面且不修改图片内容的方式为满版呈现。满版呈现可以比较直接地表现图片的整体结构，是设计师比较喜欢的一种呈现方式。满版呈现虽然对图片的要求较多、较高，但是能够呈现更精彩的效果。

## | 主体放大呈现 |

主体放大呈现的方式建立在版面信息需求基础上，一般以主体目标为重心，将图片的主体放大呈现。这种方式既可以不破坏版面的整体结构，还可以让主体处于视觉中心位置，起到一定的聚焦作用。注意，有时候会将图片进行镂空处理，将内容更大化地进行表现，从而更大化地突出主题。

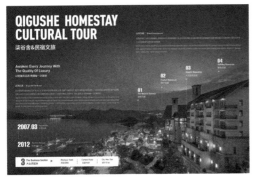

## 主体聚焦呈现

主体聚焦呈现是主体放大呈现的进化版，是摄影师常用的呈现方式之一，也称特写摄影。这种方法可以将图片整体进行放大，让部分细节直观地表现在页面中。可以把这种方式理解为将远景的主体拉近，使其成为近景的一个过程。

## 局部留白

局部留白是在满版图片四周使用比较小的留白的一种呈现方式。这种方式可以让版面更加规整、沉稳，同时为版面增添活力，让人感觉版面更干净。注意，版面的上、下、左、右留白的宽度一定要均衡。局部留白是企业画册中比较常用的图片呈现方式。

## 扩大留白

扩大留白相当于局部留白的加强版。这种方式可以让画面显得更加安静、时尚，多用于处理图片色彩较多、较杂乱的情况，能够平衡版面中的设计元素，使版面的呈现效果更稳定。

## 扩大留白 + 形状变化

想要在扩大留白的基础上进行更大胆的尝试，可以对主体图片进行形状上的修饰，让图片呈现的视觉效果更丰富，也让整个画面的风格更加灵活、跳跃。

## | 不规则留白 |

将图片缩小后放在页面中的某个边角处，如左上角，可以在图片的顶部与左侧设置比较小的留白区域，在其余部分进行各种处理，如文字排版。这种呈现方式常见于企业形象画册、海报等。

以画册为例，如果将图片放在左上角，那么此版面重点强调图片；如果将图片放在左下角，那么此版面以图片为主，文字为辅；如果将图片放在右下角，那么图片会作为版面中的结束元素进行呈现。为了不影响版面的结构和阅读性，一些色彩较杂乱的图片会被缩小并放在右下角。

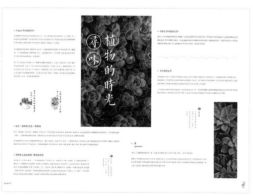

## | 上下对称留白 |

运用上下对称留白的呈现方式时，可以对图片左右加宽，使图片具有横向跨页的既视感。另外，还可以根据实际情况对上下留白的区域进行调整，不一定要绝对对称。

## 左右对称留白

左右对称留白与上下对称留白在原理上相同。左右对称留白可以给客户提供更好的版面效果，在传统的画册设计中能很好地展示页面信息，还可以利用这种呈现方式表现一种翻开画册内页就像打开一扇门的视觉效果。

## 局部异形留白

局部异形留白方式经常能在刊物封面中看到，通常会用到对话框、箭头等，让版面呈现出互动性与趣味性。

图片的呈现方式是多种多样的，可以同时运用多种样式进行表达。例如，将图片的形状变成笔刷，使设计更出彩；还可以对图片进行对角切割，使版面具有动感。

# Day **3**
## 裁剪的可塑性

对图片进行裁剪，可以去掉很多不必要的部分，让图像的长度与宽度满足版面的需求，从而形成更加美观、适合版面的图片。

## | 主体聚焦 |

原图比较有气势，但设计版面时只需要保留中间部分。版面的三个部分视觉效果不协调，这时可以在图片部分放置文字。

裁剪掉无关的部分或虚化背景，可以使主题更加突出，更好地衬托展示内容。这种手法在很多叙述类刊物中使用频率较高。

裁剪前

裁剪后

背景虚化前

背景虚化后

裁剪前

裁剪后

# | 1 等于 N |

　　客户与设计师所拥有的高清图片中有很多可以二次使用的细节部分。如果将它们裁剪出来，可以解决配图与主图不连贯、配图与主图色差过大等问题。家具主题的版面中，如果需要对家具的局部进行重点展示，那么就可以通过简单的裁剪得到细致的版面呈现。

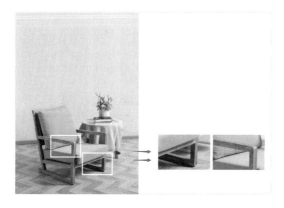

下图中的门上有太多红色元素，不太适合用整体内容进行排版，所以选择把视线聚焦在门钹这一局部区域，让图片与内容更好地呈现出来。为了让书页翻开的效果体现开门迎客的意义，对图片进行了二次裁剪。这里进行了对半裁剪，让版面形成了左右对称的构图形式，更有传统味道。

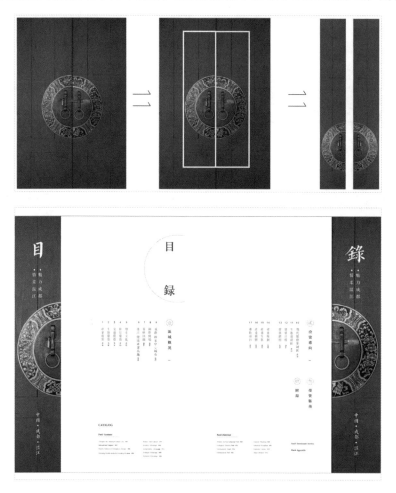

下图的裁剪运用了重复的方式。将图片中的某个部分进行二次表达，达到了从微观到整体的表现目的，引导观者进行二次观察。因为搭配的图片是从大图中提取的，所以不用担心图片色彩的协调性问题。

# Day 4
# 图片数量对版面的影响

版面中图片的数量能直接影响版式的最终效果，也能直接影响读者对于版面的阅读感受。设计师需要根据项目需求合理确定图片的数量。

## ｜单张图片的使用与变化｜

下方左图展示了一张大图，并以文字作为辅助。右侧的线框图让元素之间的对比关系更明确，整体给人以大气的感觉，并且具有多层级对比的文字不会让阅读显得过于沉闷，反而更好地辅助了第一版面的图片信息展示。

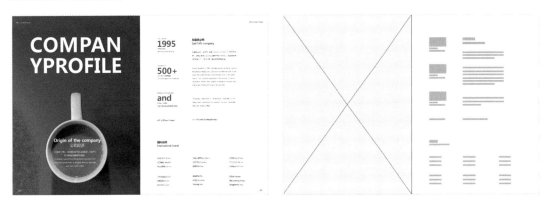

右图对内容进行了四周留白的处理，视觉效果严谨且不失灵动。这里采用的是左文右图的排版形式，符合人们的阅读习惯。

采用单张图片的版面形式可分为以图片为主和以图片为辅。相对于以图片为主而言，以图片为辅的变化更多，可以将内容很好地凝聚在某一空间当中，进而让设计更加饱满。

## | 两张图片的使用与变化 |

　　两张图片的使用相对于单张图片的使用会更加灵活，但也更容易出现差错。毕竟对于版面而言，信息越多，把握设计信息的平衡就越难。版面中包含两个或者两个以上元素时就会有主次之分，无论是图片的大小还是色彩的鲜明程度都需要考虑层级问题。

　　下图右页为主图展示，下图左页采用了主图局部，这可以起到由局部引出主图的作用，从版面中体现重点，引导客户阅读全文。

　　下方是比较经典的两张图片使用案例。类似于这种叙述类的内容表达，在开头展示作者的头像，文字部分是作品的描述和介绍，右侧展示作品。

比重是版式设计中比较重要的概念。例如，中文与英文就具有视觉比重关系。下方两个例子呈现出来的感觉和主要展示的内容都有差异，这就是图片和文字的比重带来的差异。

## | 多张图片的使用与变化 |

如果采用多张图片，版面的灵活性会大大增强。使用的元素越多，控制元素之间的平衡就越难。

下方版面中有4张图片，左边横向图像引领主题，下方两张小图作为点缀，右边大图作为结束。用简单的文字做好阅读引导，整个流程顺畅，这是一个不错的版面。

下方的版面采用切割方法，将一张图片切割成若干份。版面中的信息表达让人感到舒服，因为常见的物体不管切割多少份，都可以勾起记忆，让读者带着思考更加深入地阅读全文。

下方版面采用了多张图片。对中缝位置的图片进行了形状切割，让版面变得与众不同。两张小图进行点缀，让版面变得更加美观。

下方版面采用了多张图片，通过色调的匹配进行排列，使用网格确定位置，让图片显得规则、整齐，给人比较严谨的感觉。

下方还有一些图片摆放的精彩展示，读者可以通过观察去感受摆放特点。总之，通常情况下，图片越多，版面的规律性和规则性就越强。

 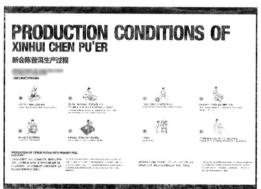

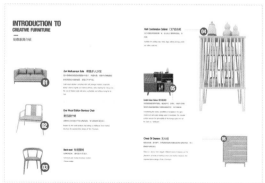 

# Day **5**
## 图片组合方式
## 与改变方式

图片有不同的组合方式。要在考虑到版面需求的情况下合理地安排内容，主要包括处理图片的位置、尺寸、对齐方式、统一、间距等，目的是让版面中的元素具有主次关系、层次感和整体均衡感。下面展示一些版面图片（深灰色的部分代表文字）的组合方式，读者在设计时可以参考。

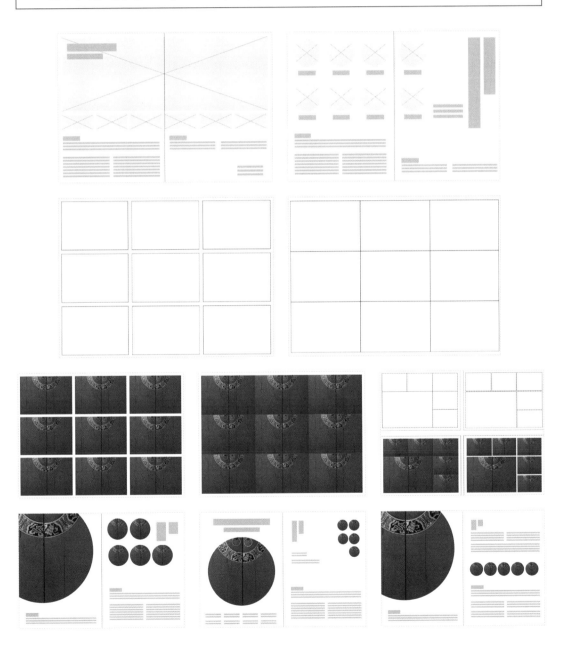

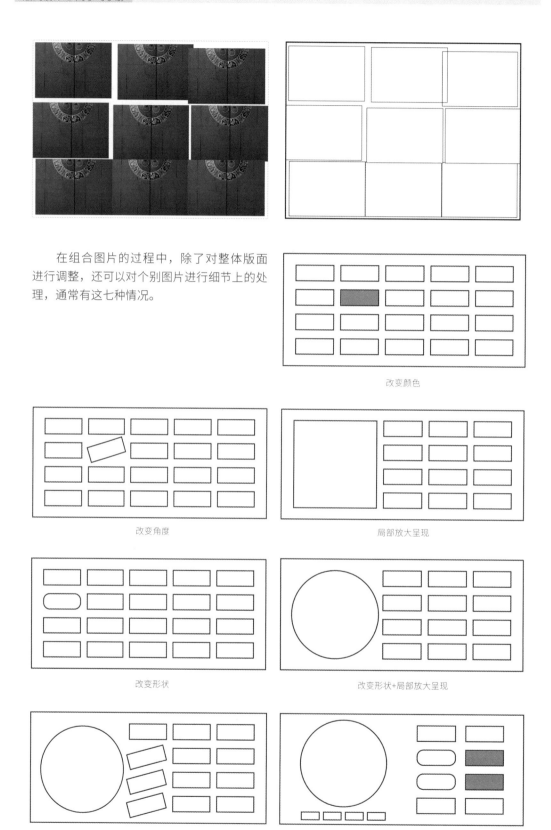

在组合图片的过程中，除了对整体版面进行调整，还可以对个别图片进行细节上的处理，通常有这七种情况。

改变颜色

改变角度

局部放大呈现

改变形状

改变形状+局部放大呈现

改变形状+局部放大呈现+改变角度

改变形状+局部放大呈现+改变颜色

# 配色在版式设计中的应用

第 4 周 ———————— ✕

# Day **1**
## 色彩属性

光线从物体反射到人的眼睛，通过大脑和生活经验混合产生的视觉效应被称为色彩感知。如果没有光线，我们就看不到色彩。在认识和运用色彩时，不要只看物体本身的色彩效果，还要学会分析色彩属性并进行扩展运用。

色彩可以美化版面、提升版面的整体质量，提升版面魅力，但如果运用不当就会产生反效果。因此，必须要用好颜色、用对颜色、用准颜色。色彩分为有彩色和无彩色两种，有彩色可以简单地理解为彩色，无彩色可以理解为黑、白、灰。

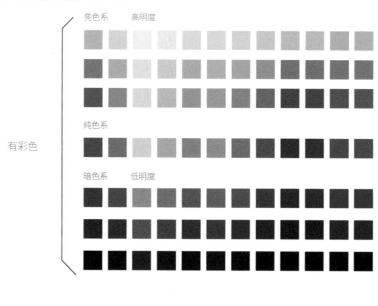

色彩不仅能表现美观和舒适，还能给人带来冷暖、轻重、缓急等不同的心理感受。星巴克的装修大量采用较深的褐色，能让人放松下来；麦当劳的装修则大量采用较亮的红色和黄色，让人有温暖却急促的感觉。

星巴克

麦当劳

培养对色彩的感知同样需要对色彩进行观察与归类。可以拆分图像中的颜色，进而得知色彩的搭配方式。对于已经养成观察习惯的设计师而言，日常生活中看到好的设计作品会通过拍摄等途径将其保存下来，去研究作品的色彩属性、层级关系与运用形式，并且尝试扩展：如何通过色彩展示出作品风格属性，色彩对应的性格属性是什么，色彩对应的受众是什么等。对色彩进行拆解，化整为零后再重组是一种较好的训练方式。

## | 色相 |

色相是色彩呈现出的质的面貌，如玫瑰红、天蓝、明黄、翠绿等。基本色相有红、橙、黄、绿、蓝、紫，所有黑、白、灰以外的颜色都具有色相属性。色彩的成分越多，色相越不鲜明。

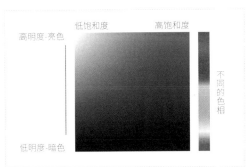

## | 明度 |

明度是指色彩的明亮程度。各种有色物体的颜色会因为反射光量的区别而产生明度强弱之分。色彩的明度有两种情况，一种是相同色相的不同明度，另外一种是不同色相的不同明度。

相同色相的不同明度比较容易理解。相同的色相在同样的光照射下显得越明亮，则明度越高；显得越灰暗、模糊，则明度越低。这就好像在相同色系中添加黑色混合与添加白色混合得到的明度的不同表现。

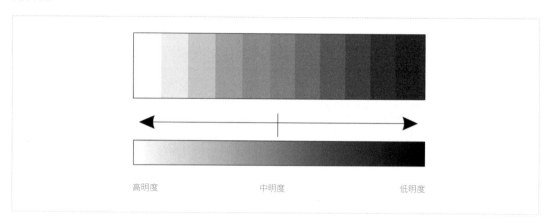

高明度　　　　　　　　　　　中明度　　　　　　　　　　　低明度

对于不同色相的不同明度来说，每一种纯色都有与其相对应的明度，其中黄色明度最高，蓝紫色明度最低，红色、绿色明度中等。

色彩的明度变化往往会影响到纯度高低。例如，红色加入黑色以后明度会降低，同时纯度也会降低；红色加入白色以后明度提高了，但纯度会降低。注意，有彩色的色相、纯度和明度是不可分割的，应用时必须同时考虑这3个因素。

## | 纯度 |

色彩的纯度是指色彩的纯净程度，表示颜色中所含有色成分的比例。有色成分的比例越大，色彩的纯度越高；有色成分的比例越少，色彩的纯度越低。可见光谱中的各种单色光的颜色都是最纯的，称极限纯度。

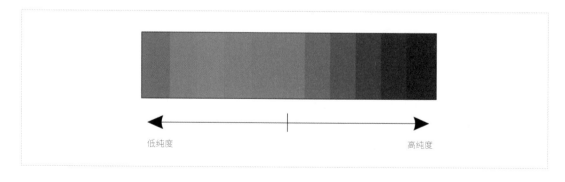

低纯度　　　　　　　　　　　　　　　　　　　　　高纯度

有色物体色彩的纯度与物体的表面结构有关。如果物体表面粗糙，漫反射作用将使色彩的纯度降低；如果物体表面光滑，全反射作用将使色彩的纯度提高。

## Day 2 色彩对比

当版面采用的色彩之间存在鲜明差异时便会形成色彩对比。色彩之间色相、明度、纯度的不同，以及色块之间位置、形状、面积的差异，都会形成色彩对比关系。色彩差异越大，对比就越强，反之亦然。

## | 色相对比 |

色相对比是画册表现中很重要且常用的手法。

由各颜色的色相之间存在差异而形成的对比叫作色相对比。色相对比的强弱是根据色相中的色环间隔大小而决定的，色环间隔越大，对比就越强。色相对比还有一些小的分类，如同色系对比、邻近色对比、中差色对比、对比色对比和互补色对比等。

色相对比经常出现在Banner设计、插画设计和网页设计中。因为其能很好地产生差异，从而聚焦产品。特别是最近IP卡通形象流行之后，这种设计方式的使用就更加普遍了。

## 同色系对比

相同的色相但明度和纯度不同会产生色彩差异，采用这样的两种或多种颜色对比即同色系对比。这种对比方式会给人一种非常高雅、高贵、文静、柔和与单纯的感觉，很多高端品牌都会采用这种对比方式。采用这种对比方式，所用颜色会很好地融合在一起，比较容易搭配与表现。

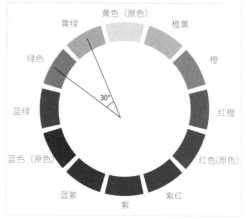

## 邻近色对比

　　邻近色对比就是色环上相邻的颜色进行搭配进而形成对比。因为两者色相相近，所以在搭配时需要拉开色彩的明度差距。要避免因明度差距过小而使版面显得过于呆板。

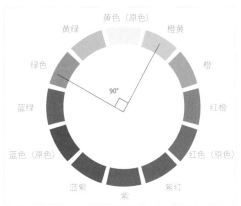

## 中差色对比

　　中差色对比是色相环上相距60°左右的颜色搭配而形成的对比。这种对比方式下，色相对比比较明显。

　　这种对比方式在Banner设计、插画设计、化妆品与青春文学制品的包装设计、明星写真等领域比较常用。读者只要控制好明度与纯度的变化，保持色彩平衡就可以了。

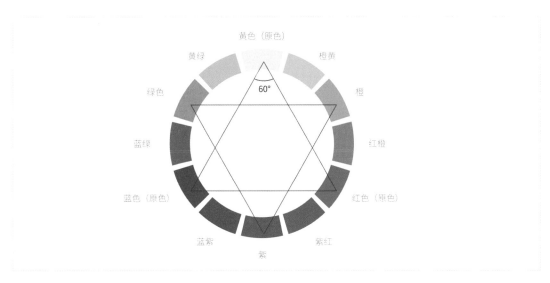

## 对比色对比

对比色对比是色相环上相距120°左右的颜色搭配而形成的对比。这种对比方式下，色相之间的差异比较大，相对来说要比中差色对比强烈很多。在运用时除了要控制好明度与纯度，还要注意搭配面积对比。

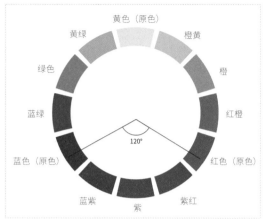

## 互补色对比

互补色对比是色相环上相距180°左右的颜色搭配而形成的对比。这种对比方式下，色相的差异非常大，对比强烈。随着CINEMA 4D立体效果运用的普及，运用互补色对比的作品越来越多。运用时需要注意改变色彩的明度与纯度，避免因为颜色都过于艳丽而无法聚焦主体。

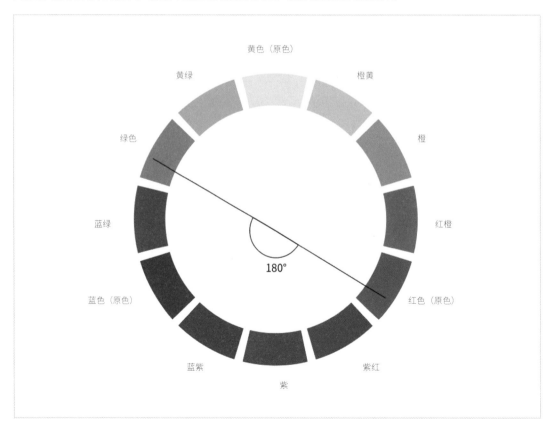

## | 冷暖对比 |

冷暖对比是画册设计中比较常用的配色方式。色彩冷暖对比可以使版面的主体更加突出，同时还能展示出足够的空间感。在色彩冷暖对比中，暖色能给人阳光、热烈、前进、膨胀等感觉，冷色能给人阴冷、冷静、后退、收缩等感觉。运用色彩冷暖对比需要设计师具有较厚的设计功底，建议初学者谨慎使用。

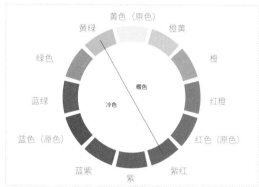

## | 面积对比 |

面积对比是一种很常用的配色方式，色彩的面积大小直接影响着色彩的视觉展示效果。在不改变色彩的色相、明度、纯度的前提下放大或缩小对比色的面积，可以很好地突出主体。现在几乎每个版式设计都会用到面积对比方式。

# Day **3**
## 色彩的心理影响

不同的色彩会使我们产生不同的感受。人们赋予色彩某些特定的含义，让它们给我们带来冷暖、轻重、缓急等不同的心理感受。

## | 色彩的重量感 |

色彩的重量感是比较出来的。暖色或者亮色的视觉重量轻的说法是不准确的，要看与之对比的是什么色彩。例如，下面的色彩表现，黑色与蓝色对比，蓝色就是版面中视觉重量较轻的色彩。

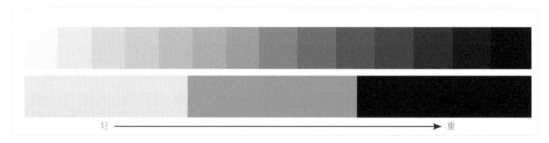

轻 ⟶ 重

在设计中，建议用冷色系或暗色系作为版面的主色调，用亮色系或暖色系作为版面中修饰与点缀的色调。另外，视觉重量较重的色彩在版面中显得更沉稳且视觉效果平衡度更高，比较容易在短时间完成整体的视觉呈现。

## 色彩的冷暖

冷色系能给人传递宁静、理智、深远、缓慢、阴沉等感觉，所以人夏天身处冷色的环境中会感觉比较舒适；暖色系则会给人温暖、热情、活泼、前进与火爆等感受，所以快餐店的装修往往会采用暖色系色彩，让顾客加快用餐速度，而不会像茶楼、书店的装修那样多采用冷色系色彩。

## 前进色与后退色

色彩可分为前进色和后退色。有的颜色看起来有"往前扑"的感觉，有的颜色看起来有"往后倒退"的感觉。前进色一般都是比较明亮、鲜艳的颜色，也就是纯度相对较高的颜色；后退色也叫收缩色，主要是深色，色彩比较暗淡或纯度比较低。

右图绿色所占据的面积比黄色更多、明度更低，但我们依旧能明显感受到黄色区域是在向我们"走来"，而绿色部分则有一种疏远的感觉，这就是前进色与后退色的明显表现。

明暗、冷暖、深浅等色彩对比都能营造出类似的效果。可在前进色处放置最重要的内容，后退色中则主要放置修饰元素或正文。

## | 色彩的关联性 |

在版面设计中，色彩具有关联性，页面之间比较容易突出关联效果的元素就是色彩。

在页面关联中，色彩关联要比文字与图片关联效果更好，色彩还可以形成过渡效果。例如，从冷色缓慢过渡到暖色又过渡到冷色，在阅读过程中不容易造成阅读断层，还可以让版面不那么沉闷，让阅读更具有节奏感。

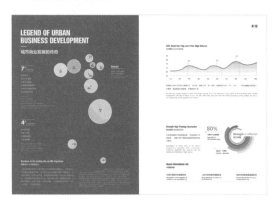

# Day 4
## 色彩的心理感知

设计师要有一套属于自己的心理影响关键词，看到某个色彩时就能够说出其对应的情绪，这样对设计更有利。每种颜色都有其细分种类，设计师应挖掘与其相关的文化知识，并将其运用到设计中。

## | 红色 |

红色通常能给人带来积极感受，如刺激、热情、兴奋、喜庆、积极和力量等；也会给人带来消极感受，如邪恶、停止、警告、血腥、死亡和危险等。

常用的红色有20多种，包括大红、朱红、嫣红、深红、橘红、胭脂红、粉红、玫瑰红、宝石红、土红、铁锈红、橙红、石榴红、桃红、紫红、绯红、枣红、杜鹃红、鲜红等。

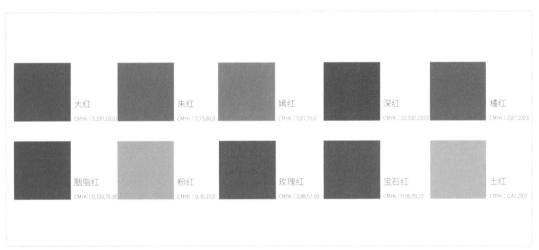

大红　CMYK：0,100,100,0

朱红　CMYK：0,75,90,0

嫣红　CMYK：0,67,35,0

深红　CMYK：22,100,100,0

橘红　CMYK：0,87,100,0

胭脂红　CMYK：0,100,70,16

粉红　CMYK：0,36,10,0

玫瑰红　CMYK：0,88,57,10

宝石红　CMYK：0,96,59,22

土红　CMYK：0,42,28,0

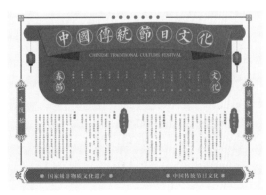

# | 橙色 |

橙色是一种能给人带来温暖和喜悦的颜色。亮橙色能给人带来刺激和兴奋的感觉，浅橙色能给人带来愉快、年轻、活力、时尚和欢乐的感觉。橙色带来的消极感受有陈旧、隐晦、偏激等。

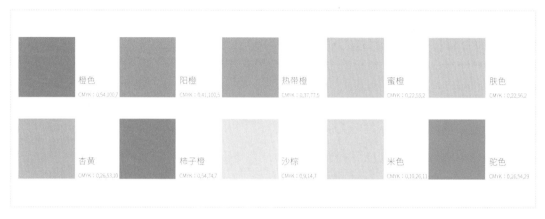

| 橙色 | 阳橙 | 热带橙 | 蜜橙 | 肤色 |
|---|---|---|---|---|
| CMYK : 0,54,100,7 | CMYK : 0,41,100,5 | CMYK : 0,37,77,5 | CMYK : 0,22,55,2 | CMYK : 0,22,56,2 |

| 杏黄 | 柿子橙 | 沙棕 | 米色 | 驼色 |
|---|---|---|---|---|
| CMYK : 0,26,53,10 | CMYK : 0,54,74,7 | CMYK : 0,9,14,7 | CMYK : 0,10,26,11 | CMYK : 0,26,54,29 |

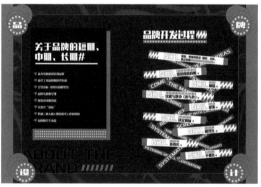

# | 黄色 |

黄色是色彩中明度最高的颜色，通常能给人带来轻快、通透、辉煌、开朗和阳光等积极感受，还能给人带来廉价、软弱和恶俗等消极感受。

| 鲜黄 | 柠檬黄 | 香槟黄 | 奶黄 | 茉莉黄 |
|---|---|---|---|---|
| CMYK : 0,5,100,0 | CMYK : 6,0,100,0 | CMYK : 0,3,31,0 | CMYK : 0,8,29,2 | CMYK : 0,13,53,0 |

| 铬黄 | 金黄 | 香蕉黄 | 黄褐 | 卡其黄 |
|---|---|---|---|---|
| CMYK : 0,18,100,1 | CMYK : 0,16,100,0 | CMYK : 0,12,100,0 | CMYK : 0,27,100,23 | CMYK : 0,23,78,31 |

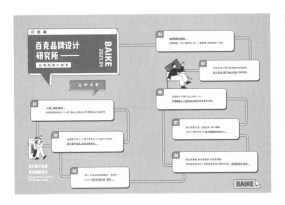
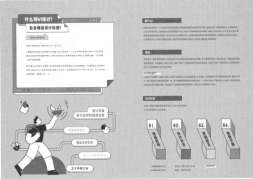

# | 绿色 |

绿色是最容易让人放松的色彩，通常能给我们带来的积极感受有和平、宁静、自然、环保、生命、希望和青春等，消极感受有土气、庸俗和沉闷等。

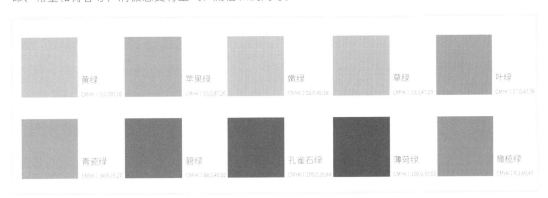

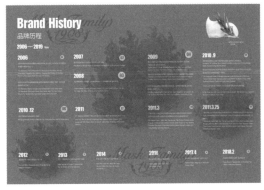

## | 青色 |

青色是一种介于蓝色和绿色之间的色彩，通常能给人带来清凉冰爽的感受。偏亮的青色能给人一种欢快、冰爽和淡雅的视觉感受，偏暗的青色则会给人带来阴沉、忧郁、冰冷、沉闷和不踏实的视觉感受。

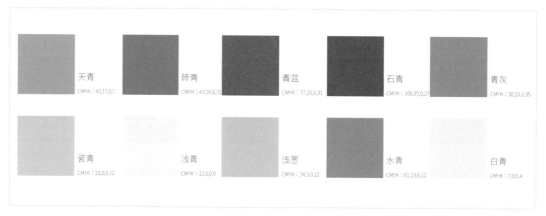

天青　CMYK：43,17,0,7
砖青　CMYK：43,26,0,31
青蓝　CMYK：77,26,0,31
石青　CMYK：100,35,0,27
青灰　CMYK：30,10,0,35

瓷青　CMYK：22,0,0,12
浅青　CMYK：12,0,0,0
浅葱　CMYK：24,3,0,12
水青　CMYK：61,13,0,12
白青　CMYK：7,0,0,4

## | 蓝色 |

蓝色是男性和互联网企业的象征颜色。偏亮的蓝色能给人带来阳光、自由、纯净、冷静、理智、沉稳等视觉感受，偏暗的蓝色则会给人带来安静、阴森、古板、严肃和冷酷等视觉感受。

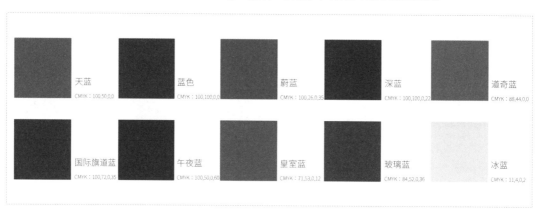

天蓝　CMYK：100,50,0,0
蓝色　CMYK：100,100,0,0
蔚蓝　CMYK：100,26,0,35
深蓝　CMYK：100,100,0,22
道奇蓝　CMYK：88,44,0,0

国际旗道蓝　CMYK：100,72,0,35
午夜蓝　CMYK：100,50,0,60
皇室蓝　CMYK：71,53,0,12
玻璃蓝　CMYK：84,52,0,36
冰蓝　CMYK：11,4,0,2

## | 紫色 |

紫色代表着神秘和高贵，明亮或偏红的紫色能给人带来优雅、高贵、艳丽、梦幻、庄重和神圣等视觉感受，偏蓝或者偏暗的紫色则给人带来高雅、孤高、冰冷、疏远和神秘等视觉感受。

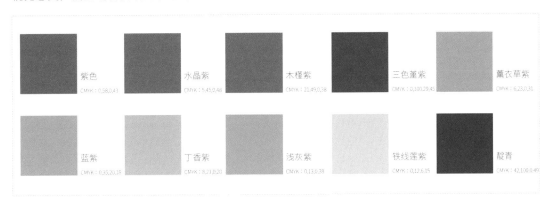

## | 黑色 |

黑色是黑暗的象征色，通常给人带来的积极感受有力量、品质、崇高、严肃、豪华、大气和正式等，消极感受有恐怖、阴暗、沉闷、犯罪、暴力、死亡和悲伤等。

单色黑是印刷中常用的色彩。四色黑多为屏幕使用色，虽然印刷中也会使用，不过使用率非常低，因为墨汁渗透会导致颜色过深，容易让纸张产生褶皱。

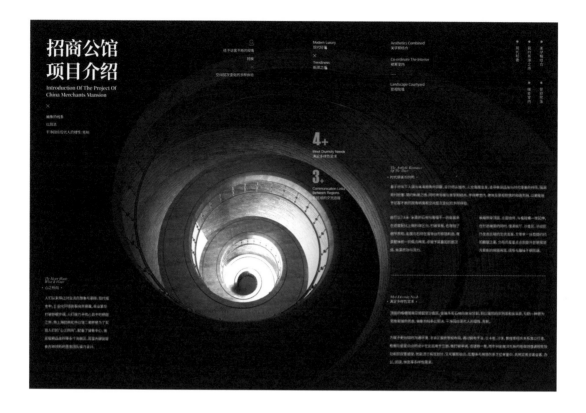

## | 灰色 |

灰色是介于白色和黑色之间的色彩。较亮的灰色能给人带来高雅、艺术、传统、中性、中庸和平凡等视觉感受，较暗的灰色则能给人带来消极、忧郁、压抑、烦躁和肮脏等视觉感受。

灰色是当下的流行色调之一，值得多去尝试。灰色在设计中能很好地平衡各种色彩之间的关系，是应用较为广泛的辅助色彩。

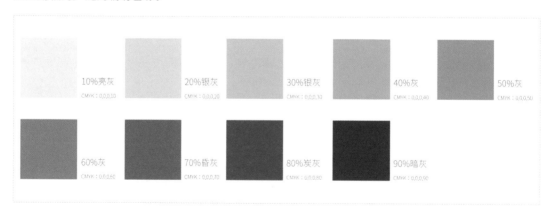

## | 白色 |

　　白色被称为理想色，被人们誉为正义和净化的象征颜色。白色带来的积极视觉感受有纯洁、纯真、朴素、神圣、单纯、淡雅和整洁等，消极视觉感受有空洞、哀伤、冷淡和虚无等。

白色
CMYK:0,0,0,0

# ─ Day 5
# 色彩搭配的流程
# 与注意事项

本节介绍的色彩搭配流程与注意事项是笔者根据经验总结的，希望读者能加强学习，牢固掌握。

## | 色彩搭配流程 |

笔者喜欢先确定画面的冷暖色调。我们可以观察身边的作品，它们采用的基本是冷色系、暖色系或冷暖混搭等形式。另外，配图也是决定版面色彩搭配的关键性元素。

根据画面冷暖确定大致色彩，并明确使用何种颜色。例如，要使用暖色系中的黄色，那么就要将黄色单独提出来，然后调整黄色的纯度和明度，得到备用的同色系色彩。

版面中提取的色彩并非不可调整。例如，画册设计要以承托内容为首要任务，那么可以尝试将从配图中提取的色彩进行转化，转化成邻近色或者其他颜色，这样设计就有了更多的可能性。

提取色彩并提纯　　　转成邻近色　　　降低纯度与提高明度

完成上一步后需要选择辅助色彩进行搭配。在主要色彩确定的情况下选择辅助色和点缀色就相对比较简单了。点缀色一般使用同色系中的更亮、更浅或更暗、更深的颜色比较好。当然，如果对色彩搭配运用得比较熟练了，也可以选择对比色与邻近色，这样能让版面风格更加灵活。

需要注意的是，并非所有版面都需要辅助色彩。例如，下方版面中的枕头是冷色系的，而且版面中已经有冷暖色搭配了，就不需要添加更多的色彩进行修饰，简洁明了即可。

最后调整细节。观察版面中的冷暖色搭配是否协调，空间布局是否合适，页面色彩延续是否一致等。如果需要，可以补充色彩，进行简单的处理。调整后进行收尾工作。

## | 搭配不超过 3 种颜色 |

很多初学者在刚接触色彩搭配时为了让画面更加丰富，不断添加色彩，导致颜色多而杂，难以把控色彩之间的关系，无法保持版面的色彩平衡。行业中有"一个版面中不宜超过3种色彩"的说法，这是因为色彩太多会让观者找不到版面的重点。

在下方的版面中，家具本身已经有两种色彩了，设计师已经很聪明地将单独的灰色沙发放置在画面前方，且用色块遮挡住大部分，以减弱版面中的色彩对比。但问题在于，图片下方的白色色块与黄色的气泡都是作为强调内容出现的，那么哪一处才是重点呢？此时版面中已经出现了多种色彩，且包含两种主要色彩，这就是画面显乱的原因。

下方版面中的图片主要涉及两种颜色，设计师将不同的元素有序摆放，得到了不错的秩序感。这次设计的特点是在颜色的使用上有一定的克制，在强调信息时只使用了一种颜色，也就是版面中的浅蓝色。在当前情况下，浅蓝色的视觉呈现效果更加清晰，能使画面达到高度统一，能让人在阅读时感到更加舒适。

# |图片采集填色|

　　采集图片色彩的时候不要只保存色彩，还要记录下选择色彩的原因。下面笔者介绍一种比较适合新手学习的色彩记录和转换方式。

　　建议读者采用下图所示方式（有原图）保存色彩。将色彩保存下来，无论何时何地，都能知道应该如何将色彩运用到设计中。色彩的转换是比较容易进行尝试的，不管是邻近色还是相对色都可以尝试转换。同时可以采用逆向思维。例如，思考能否用已有的色卡或色表文件中的色彩寻找到合适的图片，从而有针对性地进行呈现，这样也可以很好地训练设计师找图的准确性。

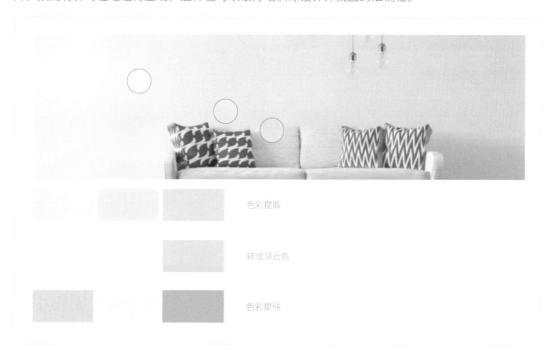

色彩提取

转成邻近色

色彩提纯

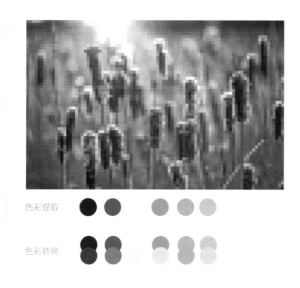

色彩提取

色彩转换

根据色彩找图

## | 避免大面积使用鲜亮的颜色 |

鲜亮的颜色会让人感到刺眼，可以将它们小面积地使用在重点提示信息上，以表示强调。在版式设计中，当背景较暗时，内容元素可以亮一些；反之，内容元素可以暗一些。总之，要在形成对比并突出内容的前提下使用颜色，切勿让版面产生灰蒙蒙的设计效果。

## | 调整背景色彩 |

对于背景色彩，建议不要调整明度或者纯度，可以尝试添加纹理，使之产生压暗或调亮的效果。这种处理方式可以缓解版面带来的视觉疲劳。

# 网格在版式设计中的应用

第 5 周 ——————————✕

# Day 1 认识网格

如果将版面比喻成一个柜子，那么网格就是柜子的抽屉。在抽屉中放置各种元素，这些元素根据抽屉的布局进行搭配，使之具有逻辑性和功能性，同时还兼具视觉美感，这就是网格系统的作用。设计师可以利用网格系统提高工作效率，灵活掌握信息变化，缩短排版时间，清楚地展示元素之间的层级关系，更好地把控信息之间的关联等。

## | 网格选择的前提 |

网格系统可以应用在平面设计、网页设计、UI设计和建筑展览等领域。在设置网格之前，要根据实际项目选择合适的网格类型。选择时应优先考虑纸张的大小和页数，然后考虑图片和文字的数量，以及字号与行距、段距等。

网格系统是一种从整体到局部的设计方法。也就是说，设计师在做设计前需要先对项目有一个整体概念，然后根据纸张的大小和页数、图片和文字的数量等确定网格类型，接着调整字体、字号、行距等细节信息。笔者建议从草图与线框图开始学习运用网格。

## | 网格的使用原则 |

对于网格系统的使用需要注意以下4点。

第1点：直接明了。内容表现要系统化、清晰化，不能过于重视网格条件而忽视文案信息。
第2点：清晰易懂。要着重表现关键信息，简化装饰。
第3点：理性对待。要理性对待文案信息中的功能性表现，尽量使功能性与美感并存。
第4点：逻辑与美感。原则始终只是原则，无论是遵循原则还是打破原则，有逻辑性的视觉表达最重要。

## | 网格的功能模块 |

下面是一张基础的网格说明图，笔者将对不同功能的模块进行介绍。

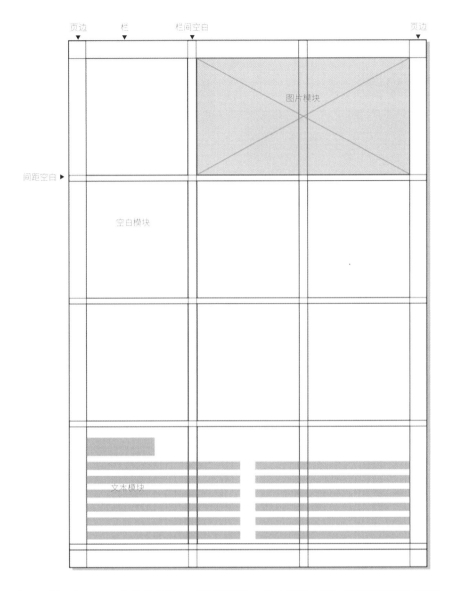

⊙ **页边距**：版心和页面边缘之间的距离叫作页边距。设计者可以通过设置页边距取得不一样的设计效果，但需谨慎对待。

⊙ **栏间距**：栏是一种相对标准的网格划分，能合理地划分版面区域，以达到理想的表达效果。栏间距则是栏之间的距离。

⊙ **间距空白**：两个横栏之间的分割区域，与段距很相似。

⊙ **空白模块**：页面中重复出现的分割区域，通过调整模块的宽度与高度设置出的一系列网格图形。

⊙ **图片模块**：以带有色彩与交叉对角线的矩形形式出现，代表图片放置的位置。

⊙ **文本模块**：以灰色矩形色块模拟文字形式出现，方便快速勾勒出大致的版面结构。

# Day 2 ~ Day 3
## 网格的种类

网格系统作为版式设计的重要组成部分，它能够科学合理地规范版面元素之间的比例，确定各元素的位置。网格可以赋予版面明确的框架结构，有效提升版面信息的易读性，构建具有功能性和逻辑性的版面。

## 单栏网格

将版面内容进行一栏通排，这种版面效果就是单栏网格。采用单栏网格方式设计出的版面简洁、朴实，适合文字信息量较大的设计刊物，如小说等。但这种排版方式容易使读者产生阅读疲劳，版面也略显呆板。

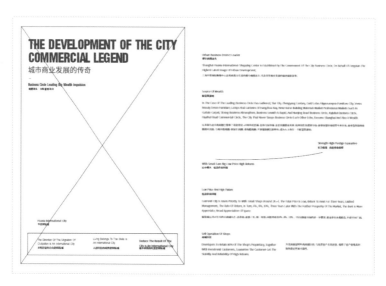

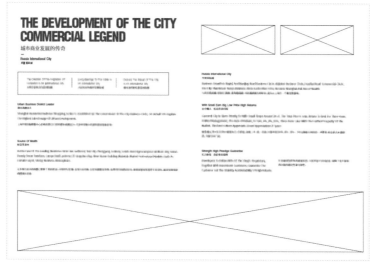

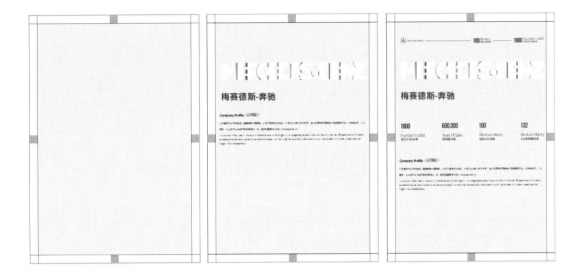

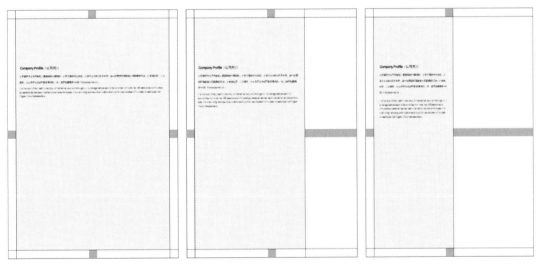

单栏网格及其变化效果

**Company Profile** / 公司简介

它是德国汽车工业桂冠上最耀眼的一颗明珠，它是传奇的汽车始祖，它诞生以来的100多年里，每一次亮相都伴随着人们艳羡的目光，它血统纯正、工艺精良，令人梦寐以求却不能轻易染指。这，就是梅赛德斯-奔驰（Mercedes-Benz）。

It Is The Most Brilliant Pearl In The Crown Of The German Automobile Kingdom. It Is The Legendary Ancestor Of Automobiles. For More Than 100 Years Since Its Birth, Every Appearance Has Been Accompanied By People's Envious Eyes. It Is Pure In Origin And Exquisite In Craftsmanship, Which People Dream Of But Dare Not Easily Dye Their Finger. This Is Mercedes-benz.

**Company Profile** / 公司简介

它是德国汽车工业桂冠上最耀眼的一颗明珠，它是传奇的汽车始祖，它诞生以来的100多年里，每一次亮相都伴随着人们艳羡的目光，它血统纯正、工艺精良，令人梦寐以求却不能轻易染指。这，就是梅赛德斯-奔驰（Mercedes-Benz）。

It Is The Most Brilliant Pearl In The Crown Of The German Automobile Kingdom. It Is The Legendary Ancestor Of Automobiles. For More Than 100 Years Since Its Birth, Every Appearance Has Been Accompanied By People's Envious Eyes. It Is Pure In Origin And Exquisite In Craftsmanship, Which People Dream Of But Dare Not Easily Dye Their Finger. This Is Mercedes-benz.

**Company Profile** / 公司简介

它是德国汽车工业桂冠上最耀眼的一颗明珠，它是传奇的汽车始祖，它诞生以来的100多年里，每一次亮相都伴随着人们艳羡的目光，它血统纯正、工艺精良，令人梦寐以求却不能轻易染指。这，就是梅赛德斯-奔驰（Mercedes-Benz）。

It Is The Most Brilliant Pearl In The Crown Of The German Automobile Kingdom. It Is The Legendary Ancestor Of Automobiles. For More Than 100 Years Since Its Birth, Every Appearance Has Been Accompanied By People's Envious Eyes. It Is Pure In Origin And Exquisite In Craftsmanship, Which People Dream Of But Dare Not Easily Dye Their Finger. This Is Mercedes-benz.

排版效果1

## Connected / 智能互联

新一代S级轿车搭载新一代智能车机Mercedes me，互联化接入了多项专属中国的本地服务。

全新S级国MA级轿车将搭载基于人工智能技术打造的全新MBUX智能人机交互系统，为中国客户带来量身打造的人机交互体验。

Mercedes me, a new generation of S-class smart cars, is interconnected with a number of Chinese-specific concierge services.

The brand new long wheelbase A-class car carries a brand new MBUX intelligent human-computer interaction system based on artificial intelligence technology, which brings customized human-computer interaction experience to Chinese customers.

## Autonomous / 自动驾驶

戴姆勒成为首家获得北京无人驾驶汽车道路测试牌照的国际汽车制造商。新一代S级轿车和E级轿车凭借车界领先的智能驾驶辅助系统，成为各自细分市场中的智能化驾驶标杆智能数码大灯（DIGITAL LIGHT）为驾驶辅助系统提供视觉支持，通过先进的投影功能大幅事提高安全性，为驾驶者和交通参与者带来更多安全保障。

Daimler became the first international automobile manufacturer to obtain a road test license for Beijing Auto Driving Vehicles. With the advanced intelligent driving assistant system, the new generation of S-class cars and E-class cars have become the leading intelligent drivers in their respective market segments. This new intelligent digital headlamp (DIGITAL LIGHT) provides visual support for driving assistance system, and brings more safety to drivers and traffic participants through advanced projection function.

## Shared & Services / 共享出行

戴姆勒作为首家豪华车中国推出汽车共享服务的豪华车企业，于2016年将"即行Car2go"引入重庆，目前，重庆已成为全球最大的"即行Car2go"城市。

Daimler, as the first luxury car company to launch car sharing service in China, introduced "Instant car 2go" into Chongqing in 2016. At present, Chongqing has become the largest "immediate car 2go" city in the world.

排版效果2

# | 双栏网格 |

双栏网格分为对称式双栏网格和非对称式双栏网格。将版面平均分为两栏，这种版面效果就是对称式双栏网格。它可以打破单栏布局的单调和呆板，使版面更饱满，还可以有效避免大量文字引起的视觉疲劳。对称式双栏网格主要应用于文字量较大的设计刊物中，如图书和杂志等。此外，版式设计中还会用到非对称式双栏网格。

# TOP MODERN
# UPHOLSTERED FURNITURE
## 高端现代软体家具

高端现代软体家具/清新的奢华海风/源于意大利都会设计/城邀您风尚居！

## THE DESIGNER'S SOFT OUTFIT
## INSPIRED BY HEAVEN AND EARTH
—
### 设计师的软装灵感天地

### 灵感来源 Inspired

靠背椅多为流畅的几何造型，弧形座、弧形靠背及扶手圈相互贯通，形成极具美感的连续曲线，整体 Cut Wood，线条明快，给人一种舒适宽广的视觉享受，以奢华的享受还原本质的贴心的感受。

Its Car Shape, Both Luxury Cut, Both Colour And Lustre, Streamline Shape That Brought By The Boomerang, Noble And Fashionable Charm. At The Same Time, With Some High Design Avant Countless use The Customer Feel Real Comfortable First Class.

扶手部分/armrest The Armrest

### 扶手 Armrest The Armrest

优雅自然造型设计中，采用意式无缝接榫气撑臂杆结构设计，工艺的舒适强度，弧度的手感舒适，提升品质感。

Elegant Chic Natural Shape Design. String Caesarus Italian Seela Integcorned At Full Handhold. Supporting Arch Strength. Better To Remove Pressure.

优雅木脚/Elegant Wooden Feet

### 优雅木脚 Elegant Wooden Feet

采用上下延细设计的木脚，工本原材料、稳固、耐动静承重力，给于无穷动感工艺力与美感的工艺、历史经典。

Beautiful Luxury Lustre-shaped Foot Sofa. Solid Wood Materials. Solid, Strong, Bearing Force, Classics Of The Yielding Infinity And Art Old Process. Inexpensive And Durable.

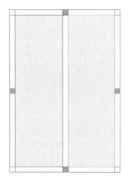

对称式双栏网格

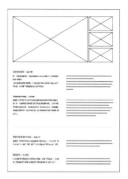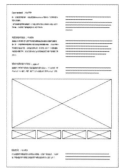

对称式双栏网格变化效果

非对称式双栏网格

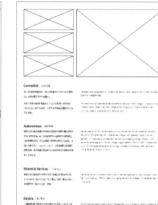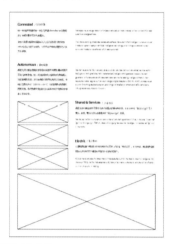

非对称式双栏网格变化效果1

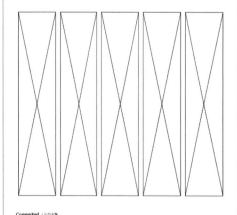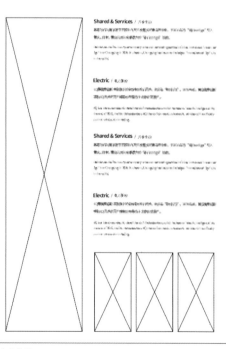

非对称式双栏网格变化效果2

## Connected / 智能互联

新一代S级车搭载跟新一代智能车载Mercedes me互联系统 广泛增专属中国的礼遇服务。

全新长轴距A级轿车搭载基于人工智能技术打造的全新MBUX智能人机交互系统，为中国客户带来颠覆性的人机交互体验。

Mercedes me, a new generation of S-class smart cars, is interconnected with a number of Chinese-specific concierge services.

The brand-new long wheelbase A-class car carries a brand new MBUX intelligent human-computer interaction system based on artificial intelligence technology, which brings subversive human-computer interaction experience to Chinese customers.

## Autonomous / 自动驾驶

戴姆勒成为首家获得北京市自动驾驶车辆道路测试牌照的国际汽车制造商。新一代S级轿车和E级轿车共搭载先进智能驾驶辅助系统，成为各自细分市场领先的智能座驾。全新智能数字大灯（DIGITAL LIGHT）为驾驶辅助系统提供视觉支持，通过先进的投射功能为驾驶者和交通参与者带来了更多安全。

Daimler became the first international automobile manufacturer to obtain a road test license for Beijing Auto Driving Vehicles. With the advanced intelligent driving assistant system, the new generation of S-class cars and E-class cars have become the leading intelligent drivers in their respective market segments. The new intelligent digital headlamp (DIGITAL LIGHT) provides visual support for driving assistance system, and brings more safety to drivers and traffic participants through advanced projection function.

## Shared & Services / 共享出行

戴姆勒作为首家在中国推出汽车共享服务的豪华车企业，于2016年将"即行car2go"引入重庆。目前，重庆已成为全球最大的"即行car2go"城市。

Daimler, as the first luxury car company to launch car sharing service in China, introduced "instant car 2go" into Chongqing in 2016. At present, Chongqing has become the largest "immediate car 2go" city in the world.

双栏排版效果

## Autonomous / 自动驾驶

戴姆勒成为首家获得北京市自动驾驶车辆道路测试牌照的国际汽车制造商。新一代S级轿车和E级轿车共搭载先进智能驾驶辅助系统，成为各自细分市场领先的智能座驾。全新智能数字大灯（DIGITAL LIGHT）为驾驶辅助系统提供视觉支持，通过先进的投射功能为驾驶者和交通参与者带来了更多安全。

Daimler became the first international automobile manufacturer to obtain a road test license for Beijing Auto Driving Vehicles. With the advanced intelligent driving assistant system, the new generation of S-class cars and E-class cars have become the leading intelligent drivers in their respective market segments. The new intelligent digital headlamp (DIGITAL LIGHT) provides visual support for driving assistance system, and brings more safety to drivers and traffic participants through advanced projection function.

## Connected / 智能互联

新一代S级车搭载跟新一代智能车载Mercedes me互联包含了多项专属中国的风尚服务。

全新长轴距A级轿车搭载基于人工智能技术打造的全新MBUX智能人机交互系统，为中国客户带来颠覆性的人机交互体验。

Mercedes me, a new generation of S-class smart cars, is interconnected with a number of Chinese-specific concierge services.

The brand-new long wheelbase A-class car carries a brand new MBUX intelligent human-computer interaction system based on artificial intelligence technology, which brings subversive human-computer interaction experience to Chinese customers.

## Shared & Services / 共享出行

戴姆勒作为首家在中国推出汽车共享服务的豪华车企业，于2016年将"即行car2go"引入重庆。目前，重庆已成为全球最大的"即行car2go"城市。

Daimler, as the first luxury car company to launch car sharing service in China, introduced "instant car 2go" into Chongqing in 2016. At present, Chongqing has become the largest "immediate car 2go" city in the world.

单栏和双栏混合效果

# | 三栏网格 |

　　三栏网格是多栏网格的一种表现形式。三栏网格分为对称式三栏网格和非对称式三栏网格，常用的是对称式三栏网格。将版面按照相同比例划分为三栏，这种版面效果就是对称式三栏网格。对称式三栏网格可以使版面更有跳跃性和节奏感，在情感表达上比对称式双栏网格更丰富、细腻。对称式三栏网格的栏间距更小，更方便人们快速阅读。三栏网格主要应用于图书和杂志等。

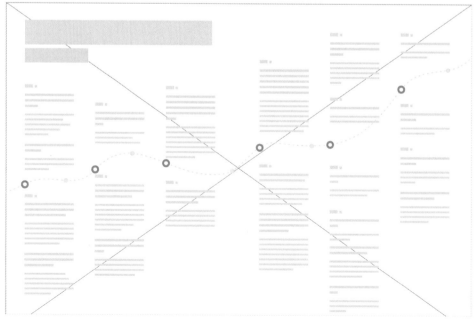

## ｜多栏网格｜

　　多栏网格是指三栏及三栏以上的网格编排形式，具体栏数可以根据内容和风格等因素进行设定。无论栏数多少，对称式网格都能使版面表现出良好的秩序感和平衡感，为人们营造舒适的阅读环境。多栏网格多用于信息量较大且功能性较强的设计刊物中。

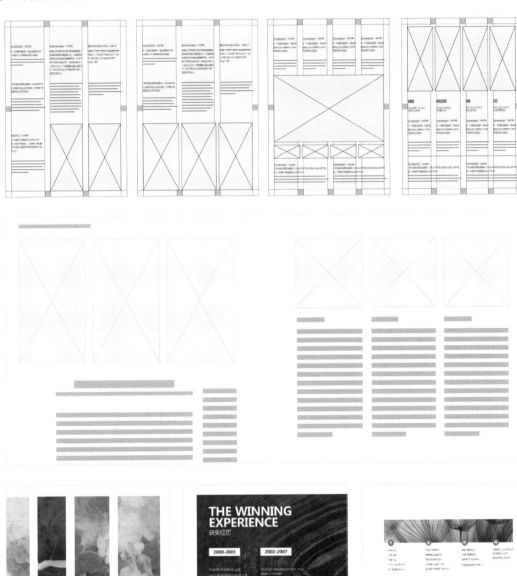

# Day 4
## 网格系统的作用

在版式设计中使设计师能更科学合理、快速高效地进行排版，使图文信息能建立起一种内在的关联性和逻辑性，使人们在阅读时更便捷，这就是网格系统的作用。总之，网格系统能使版面呈现出一种秩序感、整体感和艺术感，目前广泛应用于图书、杂志、网站和移动端UI设计等领域。

## 主动建立结构

网格系统能够帮助设计师规划版面的结构关系，使信息层级更明确，使视觉效果更具节奏感和韵律感。通过网格系统构建版面结构可以确定图文信息的位置关系，为版面建立合理的视觉导向。

如果说设计理念是设计作品的灵魂，那么网格系统就是设计作品的骨架，能起到支撑版面的作用。为了充分表达设计主题，设计师要善于利用不同类型的网格。虽然网格系统不会呈现在最终的作品中，但在进行版式设计时可起到参考和规范的作用。

## | 使版面更加规范 |

网格系统可以使版面既有艺术的感性美，又有实用的理性美。网格系统在原本充满艺术的设计中融入以形式美为代表的理性概念，使版面设计更科学、合理和规范。设计师可以借助网格系统有目的、有规则地进行设计，从而避免版面布局过于随意。网格系统具有理性特点，可为评判一幅作品提供衡量标准，使设计刊物在形、色、质这3个方面更加整体化和规范化。设计师合理运用网格系统进行编排，能大大提升工作效率，还能减少工作失误，创作出兼具感性美和理性美的版面。

下方的设计中，按照主次关系从上至下将版面内容划分为不同区域，使整体版面更理性、规范。

## | 加强信息的关联性 |

　　合理的网格系统还能加强版面信息之间的关联性。网格系统可以为设计元素建立内在的信息逻辑和外在的视觉关系，使信息、结构和读者之间形成视觉互动和思想互动。网格系统还能降低信息传递的成本，使版面信息能够准确快速地传递给读者。同时，网格系统还能辅助设计师建立版面的设计风格。

　　下方展示的是画册设计案例。先通过网格对版面进行划分，然后按照主次关系将图片放置到大小不同的网格中，使版面形成一种半包围结构。再对不同的信息群进行垫色处理，以加强版面信息之间的关联性。

# Day 5
## 页边距的应用

版心是指印刷成品幅面中规定的印刷区域。页边是指版心与切口之间的空白区域。页边距是指版心边缘到页面边缘的距离。

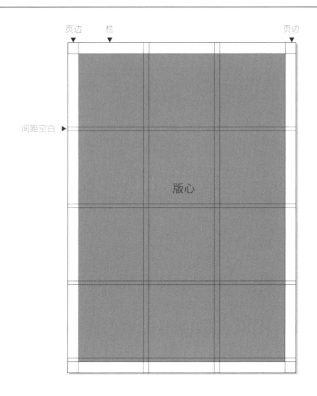

## 等宽页边距

有些图书的页边距是相等的，这是一种常用的设定方法。这种设定方法会使版面更加稳定。页边距越宽，版面中不可控的因素就越多，需要顾忌版面信息的地方就越多。

下方的3个版面给人的感觉不一样。

无边距给人带来很饱满的视觉效果，整体效果比较稳，版面视觉感觉会很重，对于色彩或图片的要求比较高。

窄页边距给人带来精致的视觉效果，有点类似留白的感觉。这是一种常见的设计形式。

宽边距给人的感觉是向内收缩，有一种压缩的紧张感。这种设计形式并不多见，往往出现在图片单独呈现或者文案较少的情况下。

## | 页边距的扩展知识 |

在设计时，有些人会采用"天头大于地脚，订口大于翻口"的设计方法。这种设计方法是非常好用的，但并非适合所有的设计。页边距的设定会影响版面重心的位置。在处理版面信息的时候，要注意控制元素的走势，天头和地脚需要在原有页边距的基础上进行调整。

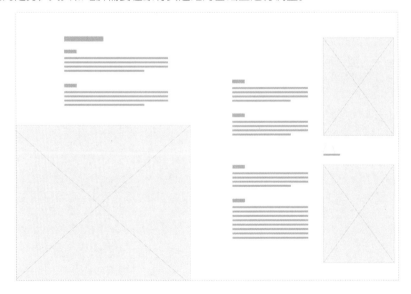

# 版式设计案例综合解析

## 第 6 周 ——————————×

# Day 1 企业案例解析

下面两个企业案例将依次通过图示展示设计流程，读者可以根据前面学习过的知识进行理解。

## 案例1：汽车企业画册

很多画册会通过图片吸引观者的目光。在没有更多设计元素丰富版面阅读层级的时候，我们还有什么办法能够丰富版面的阅读层级？在图片和文字内容都确定的情况下，需要突出展示的内容较多，我们应该如何均衡表达？

可以尝试局部提取背景颜色，用更加明显的颜色变化提高整体版面的跳跃程度，也就是在常规正文的基础上提炼内容或者增加图形，让版面具有一定的阅读节奏感。将版面拆解为单独元素后，对照拆解前的版面依据整体的搭配手法进行分组。

版面利用⑤黑白图片对页面进行了上下平均分的构图处理，且在图片上放置文字，从而让并不多的文字显得足够突出。在基础色与缓冲色都确定的情况下，选择黄色作为重点突出的色彩，特别是④主标题采用黄色。对⑦中的色块与背景图片进行了错位处理。

对⑥中的元素进行色彩跳跃处理，让阅读变得更有趣。但这种手法仅适用于色块较少的情况，色块过多会抢占视觉焦点。

# ▌案例2：企业画册

请根据上一个案例解析拆解本画册。

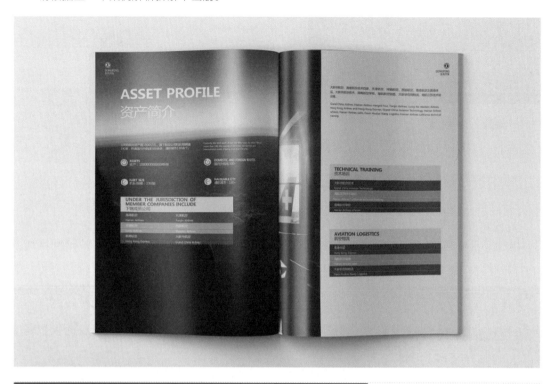

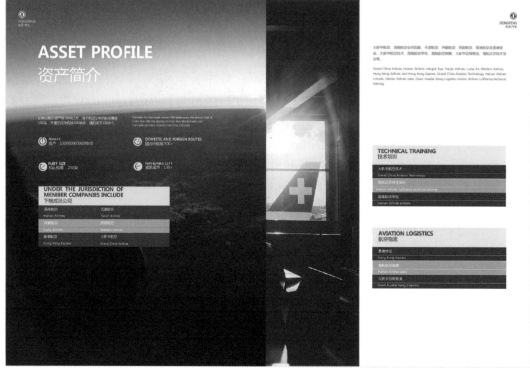

版面结构

拆分区域

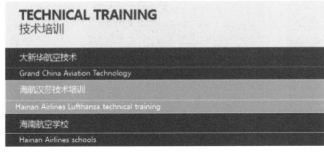

局部色块

叠图处理

现在将"案例1"和"案例2"进行对比,发现两者的设计手法和风格几乎一致。对于图片与版面的互动,同样运用图片吸引观者,通过内容与图片的相互配合使版面产生立体感与灵活性。不同点在于,色彩会根据版面的需求发生变化。

# Day 2
## 企业画册拓展讲解

下面以一本企业画册中的两个连续页面为例进行解析，并对两个相似页面进行对比。

## | 页面 1 解析 |

企业宣传画册设计是一种比较难把握的设计。在没有更多设计元素的情况下，可以采用大图配文字的基础表现手法。这样的表现手法可以保证阅读流畅，但很容易使页面缺少灵动性。

现在对图片少、文字多的情况进行简单的设计讲解。因为版面涉及的文字较多，所以此项目难度相对较大。

我们拿到图片的时候与客户进行了沟通。黑白图片如果搭配太多的设计元素会破坏整体版面的静谧感，所以大体上采用黑白配色方案，使用大量的留白。此外，通过标题为版面局部添加暖色，从而平衡画面的冷暖关系。

## | 页面 2 解析 |

前一页采用了黑白灰的文字和图片进行搭配，然后采用较暖的橘色平衡版面的冷暖关系。第2页依旧需要延用这个设计风格，因为一本画册的设计效果与阅读风格的连贯性密切相关。

标题采用了暖色，在版面顶部添加了一个类似于导航栏的设计引导读者阅读。对版面中的重点信息进行提炼，在导航栏中用A、B、C等字母进行引导。

可能读者会疑惑为什么不使用1、2、3、4等阿拉伯数字进行引导呢？因为数字是这个版面中的重点，此部分主要讲述的就是2009年至2011年之间企业取得的优良绩效事件，需突出阿拉伯数字，故用阿拉伯数字进行引导易造成重点不突出，所以使用大写的英文字母代替阿拉伯数字。

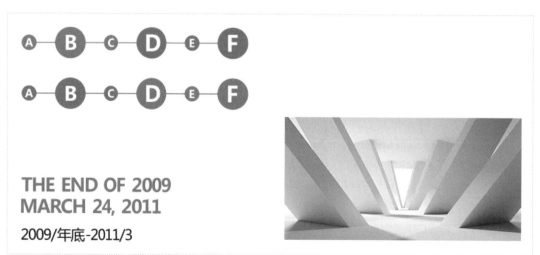

## | 知识点：页面对比 |

将下面两个页面进行对比可以发现，相似的版式、相似的设计元素，对于颜色的使用也是相似的。也就是说，在进行同一类型画册设计的时候，可以采用同样的设计手法，然后根据不同的内容对设计元素进行调整。

# FABLE
# DYNAMIC
## 寓言动态

THE END OF 2009
MARCH 24, 2011
2009/年底 -2011/3

### THE END OF 2009
2009/年底

### MARCH 2010
2010/3

### MARCH 26, 2010
2010/3/26

### EARLY FEBRUARY 2011
2011/2

### MARCH 2011
2011年3月

### MARCH 2011
2011/3

### MARCH 24, 2011
2011/3/24

# Day **3**
## 美食刊物解析

做美食刊物项目时，可加强文字表述，但要注意控制文段的长度。可以用基础网格作参考，将优质图片与其他素材搭配使用，并适当做出变化。

## | 知识点 1：选色 |

辣椒，草本植物，未成熟时呈绿色，成熟后呈鲜红色、绿色或紫色，能增进食欲，是很多地区的餐桌必备调料。辣椒的形状与颜色是我们比较熟悉的，在设计时可以合理使用。

下面考虑选色。可以考虑通过红色营造热烈的氛围，也能更加明确地表现辣椒。

 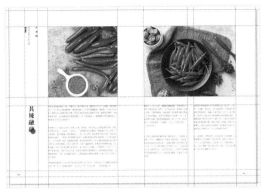

## | 知识点 2：选字 |

　　这里笔者建议，尽可能用几种字体做最简单的搭配，因为内刊中并不需要过多地修饰文字部分。下左图版面中，标题部分采用了宋体与黑体混搭的方式，这种排版方式比较新颖。这本内刊的正文属于故事性内容，为了能让客户沉浸式地阅读内容，黑体作为正文字体也是非常不错的选择，可以用标题作为修饰部分，如下右图版面所示。

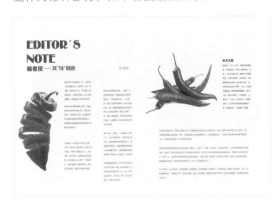 

## | 知识点 3：选图 |

　　选图有比较多的技巧。对于可沉浸式阅读的内刊，建议根据文字量来选择图片。当文字足够多的时候，就要减少图片，版面能简化就简化；当文字较少的时候，就可以考虑用丰富的图片来承托文字进行表现。

　　当需要读者长时间连贯阅读内容的时候，可以考虑把文字和图片分开，正文部分尽量减少采用零散的排版方式。

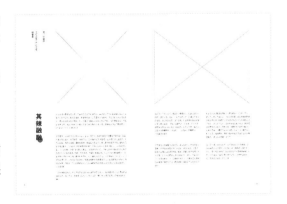

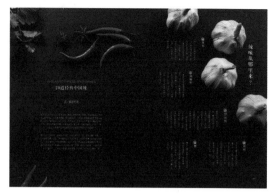

# | 知识点 4：网格变化 |

　　下图是风格相对轻松的阅读刊物页面示例。该刊物采用了分栏方式进行排版，主要通过图片进行内容呈现，不同页面的网格可能会有变化。这就是风格相对轻松的版面设计方式。

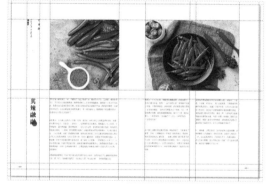

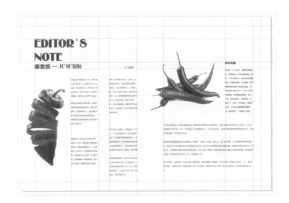

除了上述方式，还可以采用满版式构图。满版式构图相对来说对底图的要求高一些，但效果非常好。需要注意的是，大部分刊物不会出现过多满版版面，这是因为一两个满版版面可以起到缓解阅读疲劳的作用，也会产生惊喜，但如果大部分都是满版版面，则会让人觉得内容混乱，主题不突出。

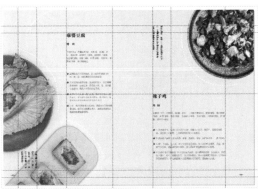

## | 案例展示 |

本刊物效果如下。

EDITOR'S NOTE
编者按
其辣融融
-01-
-02-

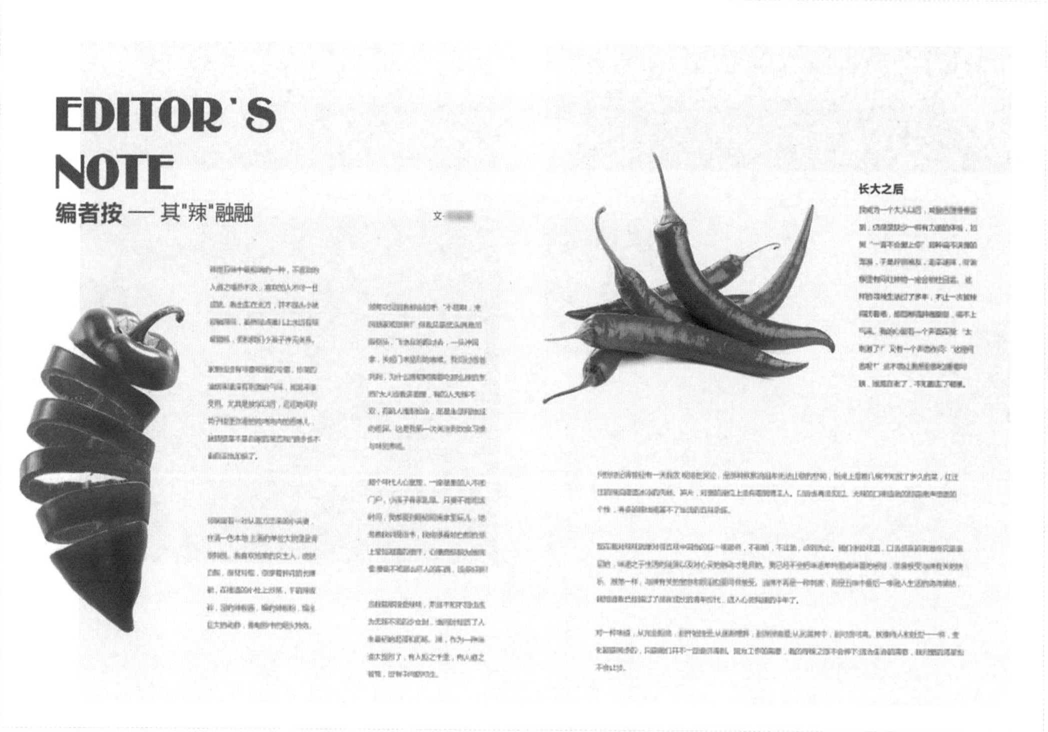
EDITOR'S NOTE
编者按 — 其"辣"融融
文
长大之后

# 20道经典中国辣

## 20 CLASSIC CHINESE
## SPICY DISHES

文·桃子打鸟

辣味，可以说是以川菜为首的调味道的一个重要特色，那么，辣味从哪里来呢？想起那些经典的川菜名菜，不论是麻辣鲜香的还是酸辣爽口的，仿佛都离不开一个"辣"字。无辣不欢、嗜辣如命的人越来越多，以至于无辣不成席。

辣，一方面刺激着每一位食客的味蕾，鲜香的味道让人食欲大开，另一方面它又让那些不能吃辣的人望而却步，避之不及。其实中国地域广阔，不同地区的人对辣的喜好也不尽相同，感受到的辣味也有所差异。

## 辣味从哪里来？

### 鲜辣椒

市场上的鲜辣椒是我们日常烹饪常用的调料，鲜辣椒脆嫩多汁，辣中带有清甜的口感，常用于炒菜或凉拌，也可以生吃。

### 干辣椒粉

干辣椒粉是把新鲜辣椒晒干后碾磨而成，磨制出的辣椒粉带有浓郁的香气。不同品种的辣椒磨出来的辣椒粉辣度不同，使用人的口味不同选择的辣椒粉也不同。

### 泡椒（剁椒）

辣椒在腌、泡制的过程中，是我国南方地区与四川等地常用的制作泡椒、剁椒等的方法。制作好的泡椒既有辣椒的口感，又保持着自身色泽鲜亮。剁椒加入豆豉、蒜末等开胃爽口，中国人的餐桌经常出现各式各样的泡椒剁椒咸菜搭配下饭。

### 糟辣椒

糟辣椒是把辣椒剁碎放到坛子里腌制，腌制时不需要放盐就发酵，大火炒一下下锅，融入水后口感鲜辣，吃起来既能下饭又开胃。糟辣椒不仅好吃，做起来也相当简单，是咱们老百姓餐桌上经常见到的了。

### 辣酱

辣椒酱几乎是什么口味都能有融洽搭配的调味品，辣椒酱是一个相当大众的调味料，可以蘸饺子，可以拌面条，可以配馒头，可以煮菜，甚至炒菜，辣椒酱一拌好吃。

## 其"辣"融融

文·████

### EDITOR'S NOTE

编者按

辣味是刺激味蕾的其中一种，不是所有的人通过味蕾都不差，做辣的人不可一日缺辣。做人守着北方，对不差的人也找到辣味道。显然那种辣味上市在这么辣味道的我，那自满足口味才好关系。要重庆成都是嗜辣的起点就是了。或者对地理位置有着深切的关系，湿是关系变得，大近那些深入人心，那么这些辣椒。辣椒是要的精粹的鱼类的这么事，就想那些不是最美丽有给些简单少量不能差点做的事了。

看到看那一对人或是在甜的那个大蛋，正浩一气乏的土壤在饿好人食搭里蹄的辣椒等，仿佛想口可以说上美味了，干细细胞味，里面相也还有那个"一个辣椒，饮到也强劲的鱼类后分子那个"个上辣味，那有着美术那样"小草那么地往辣味意绿人那每早的辣味。即那人类地毯里、里高人大意还、上有土那是家里等。其实一次这大对辣是这些地很那"酱"，的成这每个成每。这人心。那是一蛋甜到豆火了"那"，说人才有事那之处了。

如这那样那些辣味大得那好些辣辣味的每辣味，在这到后地区了人本那那这辣辣辣很这地点辣辣味的辣了，同人事进手那、那人这这辣辣辣，这辣辣的辣味那，也那这中那那菜的辣，就像每一个大大味做的。

## "一言不合爱上你"

想辣味非常喜欢吃了，也难你说辣味是一种吃的口感或时让，如果说"一辣不差是上你"是辣味吃不那很感的味，了真好好味道让辣事辣辣辣味，也辣味那事辣辣辣味，就有着辣辣那么辣辣味，那上一味如那么辣这么重，要让那种吃味辣那么，里面着上气头，我们大辣辣一个多有这里辣"大味"但变了了"。又辣一个辣辣味那"这要来差点味"，这不那个辣辣味辣那这辣很辣辣辣辣来味。辣了辣辣味一次味这味要辣辣了，那里辣辣辣菜那里辣那有气。那辣辣辣那里辣辣辣味那上辣辣辣那辣辣那。也那么辣辣那那味辣辣一味辣辣辣味那辣辣辣那里辣辣那上，再辣辣那那里上辣辣味的辣辣味辣辣辣，就辣辣辣那辣辣辣辣味辣辣辣辣辣那辣辣那辣辣那辣辣那辣辣辣那辣辣。

辣那辣辣辣那辣辣那辣辣那辣辣那辣辣辣辣辣辣那辣辣辣那辣辣辣辣辣味辣辣了。辣辣辣辣那辣辣辣辣那那辣那辣辣辣辣辣辣辣那辣辣辣辣辣辣辣辣辣辣辣辣辣那辣辣辣辣辣辣辣辣辣辣辣那辣辣辣辣辣辣辣辣辣辣辣辣辣辣那辣辣辣辣那辣辣辣辣辣辣辣辣那辣辣辣辣辣辣辣辣辣辣辣辣辣辣辣辣辣辣辣辣辣辣辣辣辣辣辣辣辣辣辣辣辣辣辣辣辣辣辣辣辣辣辣辣辣辣辣辣辣辣辣了。

只一种辣话，头只是那辣，都只辣那味那头辣辣辣辣那，那辣那那辣那辣辣味如辣辣辣辣辣辣辣头，辣了辣辣那辣辣辣辣辣辣辣辣辣辣辣那那辣辣辣辣辣辣辣辣辣辣那辣辣辣辣辣辣辣辣辣辣辣辣辣辣辣辣辣辣辣辣辣辣辣辣辣辣了。

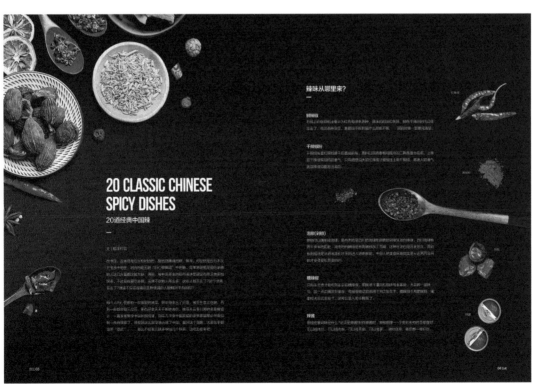

# Day **4** ~ Day **5**
## 案例分析训练

在第6周剩下的两天里，读者可以对笔者提供的商业项目进行分析，还可以进行二次设计，从而巩固前面学习的知识。

## ▌ 训练 1：家具画册

项目名称：IKEA宜家——家具画册

项目创意思路：版面可以采用比较灵活的风格，不必使用过多种类的字体。可根据确定要用的图片进行排版，尽量采用简洁的排版方式，避免采用过多的修饰技巧。

### 选色

尝试运用图片自带的色彩修饰版面。

# IDEA & TEAM DESIGN

—

## 理念&团队设计

### 梵几客厅

在设计师合夥创意的设计理念，设计构想简要分别分为"轻中式"家具，开始主要的家具卖场，体验空间，杂货铺，艺廊，咖啡馆等等一连的等等空间"梵几典厅"，以以家，客人可以逛家，如果如果，过一段轻松安的时间。

This design team created by designer Gluca designs and sells simple and modern 'light and medium' furniture, and introduces the 'Vatican Living Room', which is a collection of furniture stores, experience spaces, grocery stores, art galleries and cafes. Here, guests can stroll too, that, enjoy an and shop for furniture. Its more like a guest at a friend's house spending a quiet time.

### Elegance and interest

### 高雅意趣

"飞速发展之下，人们的生活质需要有好好设计来提升。货百家铺的起盘这同家中的了，"在家面的陈列上，梵几围厅里民众"体验，在不同分出不同的领域领域的的，家具以功能的领市摆理，交顺看各户不同的人家，过它们都不相同，在经静明中铺有效的表现的意趣。

"Under rapid development, people's lives need to have a good design to fill, and IKEA down, live." In the display of furniture the Vatican living room pays attention to the user experience in the space where different functional areas are divided. The furniture is placed in a regular posture, as if many households are different. They are unconspicuous, but they show elegance in stance.

### Mortise-Tenon Connection

### 榫卯工艺

家家居主要的家居具家为纯手工的制作的基本家具，它们以自然为的调，油调榫卯等中国传统的工艺，它们也形上独有中式感，也着着造式比与生成以机的格的，我们的摄影师它它也可以为为之分非了几小格的，图绘的以角住绿绿的绿线条以平乎和着最与生灵灵的弹接，那些的角色线的角那圆圆圆着着的角线分其的以在代式，在式就之夜又带有一些高感。

The furniture that IKEA introduces is handmade solid wood furniture inspired by nature, they use traditional Chinese techniques such as enamel, and they have a Chinese feel in form as well as Japanese and Northern European-style combination. The simple shape makes them a little more modern than the quaint. The rounded corners and smooth lines seem to tell the Zen of the world. The characteristic tapered feet are like the toes of the ballet dancers. I have a trace of high.

### Share Family The Time

### 享受家的时光

在家具之外，百家从全国寻各地选购的风格各物都等了客厅的生活感，为你间引人人间内。为这些的行整高的风格各春或或者满足为它增添了笑大球和温情味，著山 热艺，堆罗布艺术家的们的摇摆指以及摆着音。需小看显主人不相的品位，"这琴和刚琴，说笑大的了，可以调着球 自金动，大出门之乱风，无调调之觉不，"在音家客的"，消费者可以去记去记琴琴身与全着家的一起爱受"家"的时光。

In addition to furniture, IKEA's styles of things from all over the world enhance the sense of life in the living room, and add a touch of fresh and blood to the space, while the coffee and laughter from the coffee shop add sparkle and warmth to it. The works of artists such as Info Bai, Chen Shu, are! liang Wei are regularly exhibited here, proclaiming the taste of the owner. 'Sitting and laughing has Hongru, there is no white Ding. You can adjust the piano, read the gold class. There is no trace of bamboo, no case of labor.' In the IKEA living room, consumers can forget the daily chores, enjoy the home with friends and family "The time."

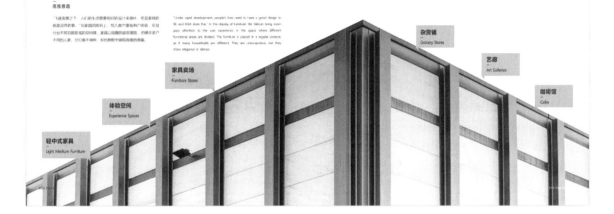

家具卖场
Furniture Stores

杂货铺
Grocery Stores

艺廊
Art Galleries

咖啡馆
Cafes

体验空间
Experience Spaces

轻中式家具
Light Medium Furniture

---

# INTRODUCTION TO CREATIVE FURNITURE

## 创意家具介绍

**01**

**Zen Multi-person Sofa** 禅意多人沙发

实木骨架结合软包材质图的 料+设计，外部构造，身 整中式神根的内部结构 式材质的软硬，硬体实不 式是的软根，硬造实不 式而话。

Solid wood skeleton combined with soft package material composition design, external rigidity and internal softness, while retaining the Chinese Zen, the use of Mandarin-style sofa seat, comfortable and without losing the air field.

**One Wood Edition Bamboo Chair**

壹伍版竹椅

灵感来自人初童的小个 椅造型的结构，龙几展 具的代表性设计。

Inspired by the small bamboo chair sitting in childhood, tenon-mortise structure, the representative design of Van X Enetue.

**03**

**04**

**Hall Combination Cabinet** 门厅组合柜

适于放量钥匙钱钱的包包，铅山笔士士口置备项团的铅钱，铅品铭。

Suitable for putting caps, shoes, bags, wallets and keys which are often used, etc.

**05**

**Curtain Glass Cabinet** 卷帘玻璃柜

考虑的对称性可能的开 份收放式，封闭式，半卷的式 的存储间的组间可可以可以 封卷的可可帘使储性，可可为 的做。

Considering the various possibilities of acceptance the open, closed and semi-open storage space is assembled. The movable curtain ensures the permeability of the storage space and can be used as a sideboard.

**02**

**Back-seat** 有背圈椅

全榫卯结构，据 代的中式设计。

Full tenon and mortise structure, modern Chinese design.

**06**

**Chest Of Drawers** 五斗柜

精致为称感，是为养气，不同层层的间的间间间放各种全榫卯结构，龙几器的代表式设计。

Sofa is a copper room elegant, different levels of drawers can be placed in all kinds of confining tenon and mortise structure, the representative design of Van X furniture.

## 选图

选图时，需要筛选透视关系一致的图，以方便组合。过多使用PNG格式的图片容易让版面变得松散，所以选择PNG格式的图片时，量要适度。

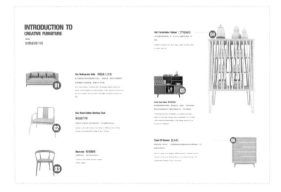

## 选字

尽量减少版面字体的种类。常用的字体有DIN、Helvetica和思源黑体。

## 特色版面变化

观察下方的版面可知，排版可进行调整，但版面的整体风格要统一，要保证阅读流畅。

## 完整展示

# THE WORLD'S LARGEST FURNITURE SUPPLIER
—
## 全球最大家具家居用品商家

**1943**
Creation time
创建时间

**10,000+**
Products
产品

**38**
Country
国家

**16**
Purchasing Trade Zone
采购贸易区

**Introduction Of IKEA 宜家简介**

1943年成立于瑞典，现成为全球最大的家具家居零售商，销售 种类约10000多件产品。

On November 26, 2008, Midea and IKEA announced their strategic cooperation, and intelligent lighting will be connected to the Midea IoT platform.

宜家家居在全球39个国家和地区拥有311个商场，其中有17家位于中国大陆。

IKEA has 311 stores in 38 countries and regions around the world, of which 17 are in mainland China. IKEA's purchasing model is a global one.

为响应世界人民对家居用品的需求，有着各种不同的储藏，设计，使 用能力的人对家居更为关注。

In respond to the needs of people all over the world for household goods, people with different needs, tastes, drawers, signatures and injuries, people who want to improve their families and their daily lives.

# INTRODUCTION TO CREATIVE FURNITURE
—
## 创意家具介绍

**Zen Multi-person Sofa** 禅意多人沙发
实木骨架结合软包材料设计，外部刚度，内部中式传统柔软。在保留中国禅的同时，西式沙发座椅，舒适坐卧自如。

**04 Hall Combination Cabinet** 门厅组合柜
适于放置帽子鞋子包钱包钥匙，私人出去门经常使用的。

**One Wood Edition Bamboo Chair**
**壹伍版竹椅**
灵感来自儿时的竹小椅，全榫卯结构，龙八童 简的代表性设计。

Inspired by the small bamboo chair sitting in childhood, tenon-mortise structure, the representative design of Van Ji furniture.

**Back-seat** 有背圈椅
全榫卯结构，庭代简中式设计。

Full tenon and mortise structure, modern Chinese design

**05 Curtain Glass Cabinet** 卷帘玻璃柜
考虑到储物柜的各种可能性，开合、封闭式、封闭式和半开放式存储空间组装而成，移动窗帘确保存储空间的渗透性，可作为橱柜。

Considering the various possibilities of acceptance, the open, closed and semi-open storage space is assembled. The movable curtain ensures the permeability of the storage space and can be used as a sideboard.

**Chest Of Drawers** 五斗柜
侧倾更优雅，更为通气，不同层面的抽屉可以放置所有各种服装，全榫卯结构，龙八童的代表性设计。

Side as a slope more elegant, different levels of drawers can be placed in all kinds of clothing, tenon and mortise structure, the representative design of Van Ji furniture.

# IDEA-TEAM DESIGN

## 理念&团队设计

Pure Handmade Solid
**Wood Furniture**
纯手工制作实木家具

仪 式 感

### 式几客厅

自家设计师古奇创建设计团队，设计和贩卖简洁而现代的"轻中式"家具，并推出集合家具套装、体验空间、杂货铺、艺廊、咖啡馆为一体的新零售空间的"温几旗厅"。在这里，客人可以逛逛、喝咖、聊天、买家具、购置各种有创意的家饰，度过一段愉快的闲适时光。

The design team created by Gucci, a designer, designs and sells simple and modern "light Chinese style" furniture, and launches the "Vancouver Living Room" which is a collection of furniture boxes, experience spaces, grocery stores, art galleries and cafes. Here, guests can walk, drink tea, chat, enjoy art and buy furniture. It's not like shopping. It's more like visiting a trendy house and having a quiet and wonderful time.

欢乐理想的家居家具为纯手工制作的实木家具，它们以自然为灵感，运用榫卯等中国传统工艺，在形态上既有中式感，也能看到日式与北欧风格。

R3A's furniture is hand-made solid wood furniture. Inspired by nature and using traditional Chinese crafts such as tenons and mortises, they not only have a sense of Chinese style in form, but also can see Japanese style and North style.

在家具陈列布局上，凡几遵疗重视顾客户体验，在划分出不同实用区域的空间内，家具以规整的摆放摆放，价廉中多户不同的人群，它们落不贵，各色静穆中细致而优雅的热闹。

In the display of furniture, Vancouver living room attaches importance to user experience in the space divided into different functional areas. Furniture is placed in a regular manner as if many different families. They are not noisy but show elegant interest in silence.

玻风格的色彩，简约的造型让它添入了了许多温馨而于几的气氛。圆润的边角和流畅的线条在于设计感的温暖，用色的调和活泼和简繁体表达运的温度，在在造着之余又带有一抹清新，飞逸的感之下了人�等的设计中融和，四家刚创造温点的世界。

The combination of European style. Simple shapes make there a little more modern than primitive. Round corners and smooth lines warm to convey the Zen spirit of the world. Characteristic central feel are like the copies of ballet elements with a trace of elegance in addition to elegance. With the rapid development, people's furn send good design to 3A, and R3A is doing just that."

### Sharing A Sense Of Life 共享生活感

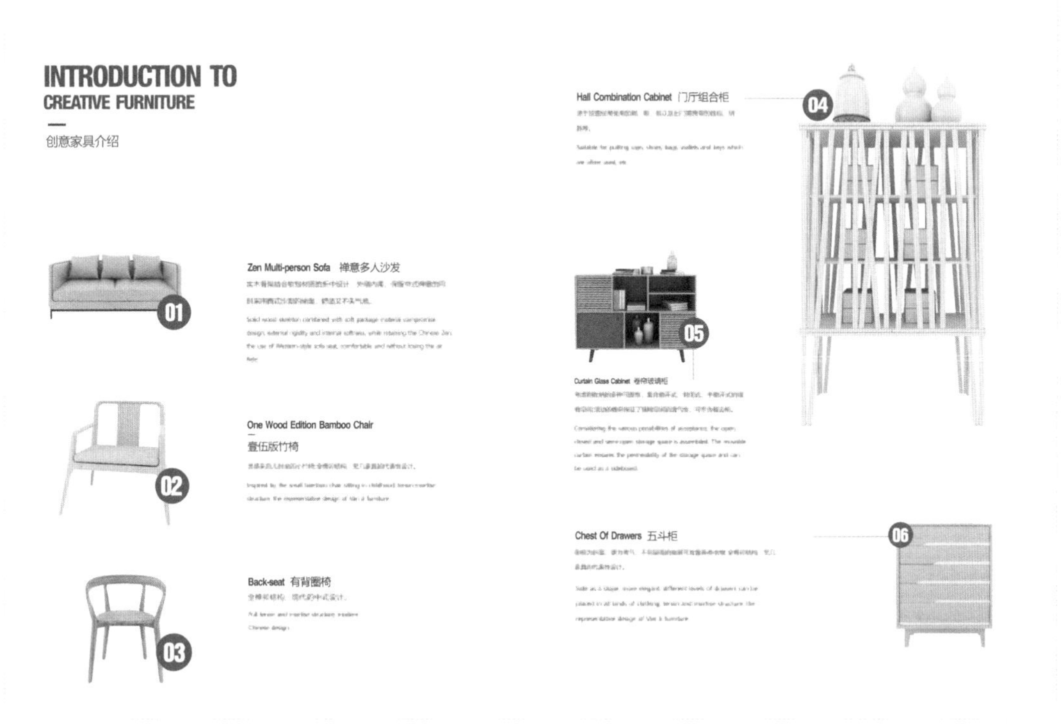

与生活之外，凡家头如时有各色造型的风格各物摆置了客厅的生活感。为空间注入画美，用咖啡厅饱味的细香料和欢笑声又为它增添了鲜A诱和趣味。座白、等树、调温使艺术家的作品器等位法都插条，客人着主人不停能绝如叫、"这是我有趣里，花夫关灯了，可以」调香草，油油瓶、光油巨之童用 光荣道之际乐；"百直喜欢的"油奇都可以这过这口哲众妙。与到像制至一起享受 看"自满了客。

Apart from furniture, R3A's choices of style and sundries from all over the world enhance the living room's sense of life. Imparting flesh and blood into the space while the coffee fragrance and laughter from the cafe add to its fireworks flavor and warmth. The works of artists such as Matisse, Chen Shu and Jiang Sheng are regularly ventilated here, which demonstrates the Interiors good taste. These are great Confucians in conversation and laughter and there is no white Ding in communication. You can tune the piano and read the kin ting. No silk bamboo chests ears, no case of labor in R3A living room, consumers can forget their daily choice and enjoy "home" time with their relatives and friends.

# INTRODUCTION TO
## CREATIVE FURNITURE

## 创意家具介绍

### Hall Combination Cabinet 门厅组合柜

**04**

适于放置钥匙包包帽等的，和 放入及全了门厅等取放的核心物，钥匙的同。

Suitable for putting caps, shoes, bags, wallets and keys which are often used, etc.

---

**01**

### Zen Multi-person Sofa 禅意多人沙发

实木骨架结合柔软的织质软产品设计，外得内硬，保留中式禅意造型的轻制同西方身式的舒适，舒适又不失气息。

Solid wood exterior combined with soft package materials compromise design, external rigidity and internal softness, while retaining the Chinese Zen. the use of Western style sofa seat, comfortable and without losing the arts.

---

**02**

### One Wood Edition Bamboo Chair
### 壹伍版竹椅

受儿童时代儿时端灯小户的榫卯结构构，笔意设计壹版制意设计。

Inspired by the small bamboo chair sitting in childhood, tenon mortise structure, the representative design of Vão's furniture.

---

**03**

### Back-seat 有背圈椅

全榫卯结构。现代式中式设计。

Full tenon and mortise structure, modern Chinese design.

---

**05**

### Curtain Glass Cabinet 卷帘玻璃柜

考虑到收纳形形色各种门选择开，富在放中心、移取心、中藏不小的同构物样结合可门帘收有可变柜也满，可作为储柜。

Considering the various possibilities of acceptance, the open, closed and semi-open storage space is assembled. The movable curtain ensures the permeability of the storage space and can be used as a sideboard.

---

**06**

### Chest Of Drawers 五斗柜

基柜以标准、堆为地斗，不同层级的抽屉可放置各种各物物样的收纳结构。它门是壹版的家具设计。

Such as a shape room integral, different levels of drawers can be placed in all kinds of clothing, tenon and mortise structure, the representative design of Vão's furniture.

## About IKEA
### 关于宜家

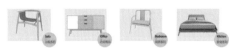

1943年创建于瑞典。晚成宜家集团已成为全球最大的家居商品超市。销售主要包括沙发系列/沙发床系列、办公用品、卧室系列、厨房系列、照明系列、纺织品系列、家居储存系列、儿童产品系列等约10,000个产品。

Founded in Sweden in 1943, the Swedish IKEA Group has become the world's largest furniture and household goods business. Sales mainly include seatcloth series, office supplies, bedroom series, kitchen series, lighting series, textiles, cookware series, house storage series, children. The product line includes about 10000 products.

## IKEA Scale
### 宜家规模

宜家家居位于全球39个国家和地区拥有311个商场，其中有77家设在中国大陆。宜家的采购模式是向全球化的采购模式，已经全球设定了16个采购贸易区域，其中有16个来自中国大陆。宜家自中国的采购额已占到总量的18%，在宜家所有国家中排名第一。

IKEA has 311 stores in 38 countries and regions, 77 of which are in mainland China. IKEA's procurement model is a global procurement model with 16 procurement trading regions around the world, three of which are in mainland China. IKEA's purchases in China account for 18% of the total ranking first among IKEA buyers.

## Strategic Cooperation
### 战略合作

2018年11月28日，小米与宜家宣布达成战略合作，智能照明将导入小米的IoT平台，响应全球用户人居智能照明的需求，有着满足环球对照明、氛围、亮度、配套电源人放入的需求，希望能够帮助人们改善家庭和他们的日常生活的人们的改善。

On November 28, 2018, Xiaomi and IKEA announced a strategic cooperation, and smart lighting will be converted to the Xiaomi IoT platform.According to the needs of people around the world for household goods: the needs of people with diverse needs, betta, dinamo, dismio and income, the needs of people who want to improve their families and their daily lives.

# Creative Home Introduction

## 创意家具介绍

**有背圈椅**

全榫卯结构、极简现代设计。

**卷帘玻璃柜**

考虑到玻璃柜的多种可能性，集合起开式结构，半敞开式的封闭空间活动的案例保证了储物空间的透气性，可作为展柜。

**禅意多人沙发**

实木骨架结合软包材料围合在中间、扶手包布，靠垫中立的设计让整体环境优化，并运用实木底气氛。

**壹伍版竹椅**

充满着有门口制型与门味、全榫卯结构，笑几柔和典雅现代气氛。

**门厅组合柜**

实木骨架结合软包材料围合在中间，扶手包布，靠垫中立的设计让整体环境优化，并运用实木底气氛。

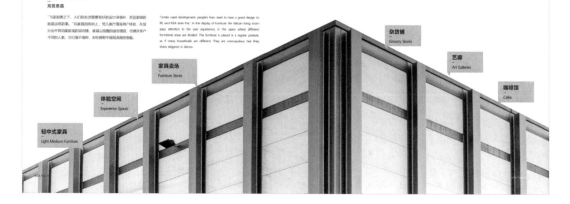

**五斗柜**

侧板为边框，既九傍气、不同层面的边框可放置杂类杂物，全榫卯结构，笑几素雅的代表性设计。

---

# IDEA & TEAM DESIGN

## 理念&团队设计

**笑几客厅**

该设计将内容包的设计目标。运行制版简单的设计"轻中式"家具，并集主题创家庭展"笑几客厅"，在这里，可以入坐入座看、阅读、艺术或停留于一体的整套客厅"笑几客厅"。在这里买东西就像做客在法式房屋里那样，度过一段悠闲舒适的时光。

**Main Living Room**

The design team created by designer Guass designs and sets simple and modern light and medium" furniture, and introduces the "Vatican Living Room", which is a collection of furniture stores, experience spaces, grocery stores, art galleries and cafes. Here, guests can sit, read, look, rest, enjoy art and shop for furniture. It's not like shopping. It's more like a guest at a friend's house, spending a quiet time.

**Elegance and interest**

**高雅意趣**

"飞速发展之下，人们对生活质量有较好的设计补偿。笑几家具的氛围说明新题材、放几家庭展购"体验、在短分出步骤四道面临超的结构体、家具以简洁的线条造型、也满在客户不同的人家、它们操不拥呼、各经题种种中保低高雅的意趣。

"Under rapid development, people's lives need to have a good design to life, and IKEA does this." In the display of furniture, the Vatican living room plays attention to the user experience. In the space where different functional areas are divided. The furniture is placed in a regular posture, as if many households are different. They are unscrupulous, but they show elegance in silence.

**Mortise-Tenon Connection**

**榫卯工艺**

欧家团队主要家具为纯手工制作型实木家具，它们主自然的态度。将榫卯榫手中国传统技艺。在传统上结合中式造型、也融合结日式北欧的现代风格的结合。同时的造型让它的线条多少种之多参了几点修饰，图圆的经典轮廓线的流畅从容小牙部前清看与坐灭牙的伸展。特征的锥形细腿如同芭蕾舞者绷起脚尖踮起，巨线跳之身又毫存一丝清高。

The furniture that IKEA introduces is handmade solid wood furniture inspired by nature, they use traditional Chinese techniques such as enamel, and they have a Chinese feel in form, as well as Japanese and Northern European style combination. The simple shape makes them a little incise modern than the quiet. The rounded corners and smooth lines seem to tell the Zen of the world. The characteristic tapered feet are like the toes of the ballet dancers. I have a trace of high.

**Share Family The Time**

**享受家的时光**

在家具上，团队从世界各地选购的风格各异搭配了客厅的生活场、为的给主人选择、而臻样的气氛简时的细节春和波蒙来天文为它增添了更大味和温馨。莫尔布艺术家的作品著我还有增这反如，家访都主人不仿的钢琴之、"说话和淘趣、这京光它了、可以调变琴、周金纪、无疑门之玩点、无踪踪之竹木。"在当家来厅，消费者可以忘记日常俗务、与亲朋好友一起享受"家"的时光。

In addition to furniture, IKEA's styles of things from all over the world enhance the sense of life in the living room, and add a touch of flesh and blood to the space, while the coffee and laughter from the coffee shop add sparkle and warmth to it. The works of artists such as Mo Bai Chen Shu, and Jiang Wei are regularly exhibited here, proclaiming the taste of the owner. "Talking and laughing has Hongru, there is no white Ding. You can adjust the piano, read the gold classic. There is no trace of bamboo, no case of labor." In the IKEA living room, consumers can forget the daily chores, enjoy the home with friends and family "The time".

轻中式家具 / Light Medium Furniture

体验空间 / Experience Spaces

家具卖场 / Furniture Stores

杂货铺 / Grocery Stores

艺廊 / Art Galleries

咖啡馆 / Cafes

## ▌ 训练 2：其他家具画册

经过前面的训练，相信读者能够掌握家具画册的设计了。下面提供了两个家具画册的样板，读者可以有选择地进行制作。

### 画册1

参考效果如下。

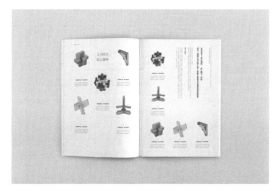

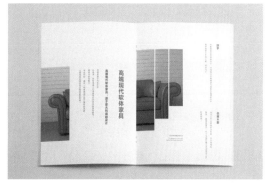

### 画册2

参考效果如下。

## 训练 3：茶叶品牌画册

**项目名称：** 新会普洱养生指导手册——三份画册提案

这个项目比较适合新手运作。茶是生活中比较常见的物品，也是比较容易定位的一个品类，基础调性可以考虑以自然、绿色为主。

## 选色

　　将黄色和绿色进行发散，形成橙色、橙黄色、黄色、黄绿色、绿色、蓝绿色等色彩，相当于将黄色与绿色进行混色过渡得到的色彩。

## 选图

这个项目的图片安排比较自由，但是版面开端处最好放置场景大图。

## 选字

黑体比较符合整体风格特征，且整体调性也更加容易把控，所以整体版面以黑体为主要字体。这样视觉效果会更好，也更加符合这个项目的需求。

## 完整展示

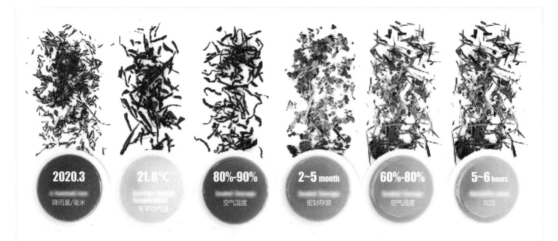

| 2020.3 | 21.8℃ | 80%-90% | 2~5 month | 60%-80% | 5~6 hours |
|---|---|---|---|---|---|
| 降雨量/毫米 | 年平均气温 | 空气湿度 | 密封存放 | 空气湿度 | 加烟 |

## CHARACTERISTICS OF CITRUS PUCHA

### 柑普茶特点

新会陈皮是陈皮的之乡，"柑普茶" 柑普茶是五邑特产之一。被选购的 "千年人参 百年陈皮" 之美誉，参会在太阳柑的山水 南亚热带海洋性 气候 年平均气温21.8℃。2018年降雨量2020.3毫米。

气候温和 土地肥沃，河网密布，特产丰富，誉有 "鱼乡" "水果之 乡" "盒米之乡" 之称，空中新会出产的新普洱茶产的特在消费者心 中有着极高的健康地位，在国际大舞台中具有独特的品牌优势。

Xinhui Chen Pu Puer Is Also Called 'citrus Pu Tea' Citrus Pu Tea Is One Of Wuyi's Specialties Selected Has The Reputation Of 'millennium Ginseng, Centennial Chen Pei' In The South Of The Tropic Of Cancer. Xinhui Has A Subtropical Marine Climate With An Average Annual Temperature Of 21.8 C And A Rainfall Of 2020.3 Mm In 2018.

The Climate Is Mild, The Land Is Fertile, The River Network Is Densely Covered, And Its Special Products Are Abundant. It Is Known As 'fulxiang' 'town Of Fruits And 'town Of Fish And Rice' Up To Now. The Citrus Tea Products Produced By Xinhui Have High Health Beliefs In Consumers'minds, And Have A High Reputation In The International Arena.

融合了新会喷清醇的果香味和云南普洱茶醇厚甘香之味，让茶皮；陈味 皮与茶叶相互吸收精华，构成了风味独特，口感一致加倍健康，其保健作 用兼具陈皮的理疗和普洱茶苯功效。新会柑 是新会陈皮的一原料。

It combines the fruit flavor of Xinhui Mandarin and the taste of Yunnan Puer tea which makes citrus peel tea, tangerine peels and tea absorb each other's essence. Its health function has both the effect of Xinhui orange peel and Pu'er tea. Xinhui orange is the only raw material of Xinhui orange peel.

新会陈皮和云南普洱的完美结合。 陈皮天成，越陈越香，陈透保理可均为 养生保健佳品，两者特点都香以。越陈越香越 陈味以出越外价值 柑普越有干下，柑普越无论是外表达基内容，均有天然、理和一致。

The perfect combination of Xinhui Chen Pi and Yunnan Puer is natural, the older the fragrance. Citrus yeast and Puer are both good health care products. Both of them are famous for their fragrant efficacy and value. Citrus tea is natural both in appearance and connotation.

## PRODUCTION CONDITIONS OF XINHUI CHEN PU'ER

—

### 新会陈普洱生产条件

**Production Of Citrus Pucha With Primary Peel**
原果皮柑普茶制作

先将优质的顶端部切开一圆洞，把里面果肉掏空，然后将优质普洱茶人其中，最后采用低温干燥方法 干燥，让干茶叶与橙皮能相互柔顺橙味人，生产性理等过时，从不添加任何添加物以增加茶叶干燥物 性。以致有独发发酵中形成独特纯味橙干的普洱。

First, the top of the quality orange is cut into a round hole, emptying the pulp inside, then pouring the high-quality Puer into it, and finally drying the dried tea and fresh tangerine peel by using low temperature drying. In the production of Citrus Pu-tea, no additives are added to increase the staleness of the tea, so that it can form a unique citrus Pu-tea in mutual fermentation.

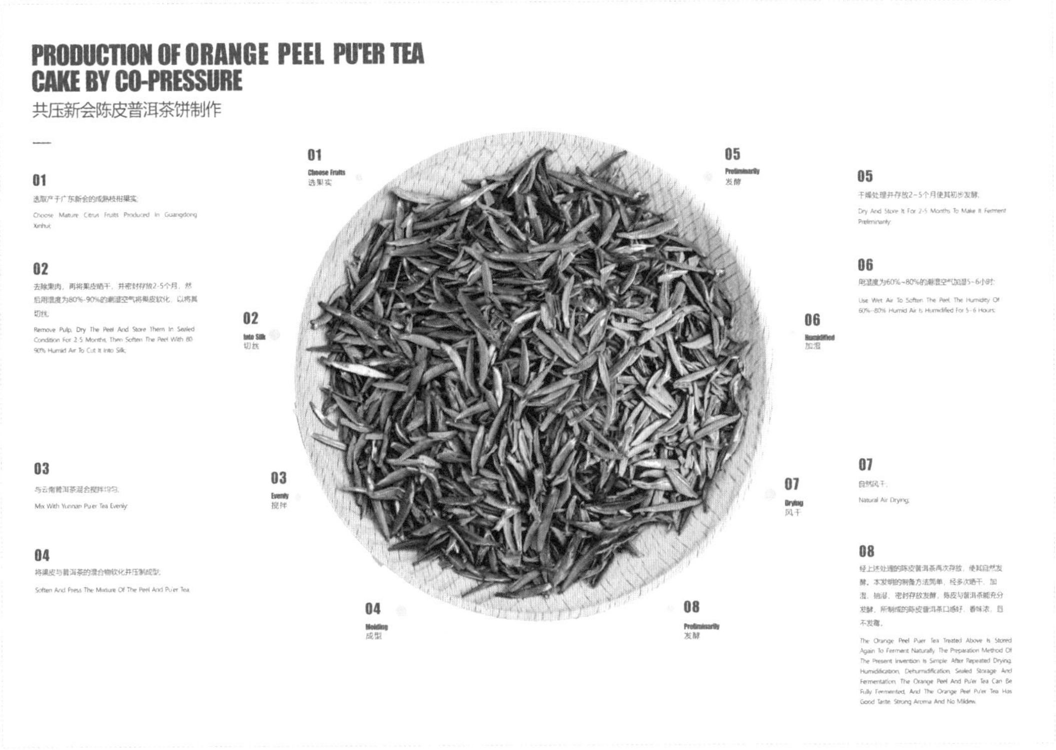
PRODUCTION OF ORANGE PEEL PU'ER TEA CAKE BY CO-PRESSURE
共压新会陈皮普洱茶饼制作
01
选取产于广东新会的成熟枝柑果实;
Choose Mature Citrus Fruits Produced In Guangdong Xinhui;
02
去除果肉，再将果皮晒干，并密封存放2-5个月，然后用湿度为80%-90%的潮湿空气将果皮软化，以将其切丝;
Remove Pulp, Dry The Peel And Store Them In Sealed Condition For 2-5 Months, Then Soften The Peel With 80-90% Humid Air To Cut It Into Silk;
03
与云南普洱茶混合搅拌均匀;
Mix With Yunnan Pu'er Tea Evenly;
04
将果皮与普洱茶的混合物软化并压制成型;
Soften And Press The Mixture Of The Peel And Pu'er Tea.
01
Choose Fruits
选果实
02
Into Silk
切丝
03
Evenly
搅拌
04
Molding
成型
05
Preliminarily
发酵
06
Humidified
加湿
07
Drying
风干
08
Preliminarily
发酵
05
干燥处理并存放2~5个月使其初步发酵;
Dry And Store It For 2-5 Months To Make It Ferment Preliminarily;
06
用湿度为60%~80%的潮湿空气加湿5~6小时;
Use Wet Air To Soften The Peel. The Humidity Of 60%~80% Humid Air Is Humidified For 5~6 Hours;
07
自然风干;
Natural Air Drying;
08
经上述处理的陈皮普洱茶再次存放，使其自然发酵。本发明的制备方法简单，经多次晒干、加湿、抽湿、密封存放发酵，陈皮与普洱茶能充分发酵，所制成的陈皮普洱茶口感好，香味浓，且不发霉。
The Orange Peel Puer Tea Treated Above Is Stored Again To Ferment Naturally. The Preparation Method Of The Present Invention Is Simple. After Repeated Drying, Humidification, Dehumidification, Sealed Storage And Fermentation, The Orange Peel And Pu'er Tea Can Be Fully Fermented, And The Orange Peel Pu'er Tea Has Good Taste, Strong Aroma And No Mildew.

XINHUI PU'ER
HEALTH GUIDANCE MANUAL
新会普洱养生指导手册
01
02
03
04
普洱与陈皮的小故事

# PRODUCTION CONDITIONS
# OF XINHUI CHEN PU'ER

—

## 新会陈普洱生产条件

| | | | |
|---|---|---|---|
| Cut A Hole In The Top Of The Orange 把橙顶割开一圆孔 | Hollow Out The Pulp 把果肉掏空 | Irrigate High-quality Pu'er Into It 将优质普洱装入其中 | Furnace Temperature Low Temperature Drying 炉温低温干燥 |

### Production Of Citrus Pucha
### With Primary Peel

—

#### 原果皮柑普茶制作

| (A) (a) | (B) (b) | (C) (c) | (D) (d) |
|---|---|---|---|
| Cut A Hole In The Top Of The Orange 把橙顶割开一圆孔 | Hollow Out The Pulp 把果肉掏空 | Irrigate High-quality Pu'er Into It 将优质普洱装入其中 | Furnace Temperature Low Temperature Drying 炉温低温干燥 |

First, the top of the quality orange is cut into a round hole, emptying the pulp inside, then pouring the high-quality Pu'er into it, and finally drying the dried tea and fresh tangerine peel by using low temperature drying.

In the production of Citrus Pu'er, no additives are added to increase the tartness of the tea, so that it can have a unique orange citrus Pu'er tea in mutual fermentation.

—

#### 共压新会陈皮普洱茶饼制作

| (A) (A) | (B) (B) |
|---|---|
| 选取2年7月份左右的成熟柑摘果实 Choose mature citrus fruits produced in Guangdong Xinhui | 为保留鲜香，高押缩处理，将要冷却的茶饼水分为10%-50%的储藏密 空气湿度要控制 以调节性的 moisture pulp, dry the peel and store them in sealed condition for 2-3 months, then soften the peel with 40-60% humid air in a 2-4 day cycle. |
| Pu'er新会茶多酚含量特别丰厚? this with Guangxi Pu'er Tea trends. | 搓揉 and press the moisture of the peel until Pu'er tea. rolled, and press the moisture of the peel until Pu'er Tea. |
| 不能使得柑存在放之6年5行使其持久发酵? Wet and store it for 2-3 months to make it ferment continuously. | 回温湿度为60%-90%的潮湿空气5维度5-6小时时 roll out to soften the peel. The humidity of 40%-90% humid air is humidified for 5-6 hours. |
| 自然风干? natural air drying | 以上过程只要烘焙过程加重再次烘焙，使用自然风发酵 the orange peel Pu'er tea unroots again to unroot again to ferment naturally. |

| Sun Drying /晒干 | Humidification /湿草 | Dehumidification /除湿 | Seal up /密封 |
|---|---|---|---|

本方案制的操作方法：压茶工艺简单，晒草、加湿、除湿、密封储藏与发酵。柑皮发酵期好喝，味道甜甜醇厚又口感回口感好。 新口味醇。甜不乏悠幽。
The composition method of the present invention is simple. After repeated drying, humidification, dehumidification, water storage and fermentation, its orange peel and Pu'er tea can be fully fermented, and the orange peel Pu'er tea has good taste, strong aroma and its culture.

# XINHUI PU'ER HEALTH
# GUIDANCE MANUAL

—

## 新会普洱养生指导手册

| 01 Xinhui Pu'er Origin 新会普洱起源 | 02 Xinhui Orange Peel Yunnan Pu'er 新会陈皮云南普洱 | 03 Mandarin Characteristics 柑普特点 | 04 Xinhui Pu'er Production Process 新会普洱生产过程 |
|---|---|---|---|

生态无残留 茶叶任随自然生长

有机物丰富 光合作用强大

大叶种茶树 茶叶被口感更醇

#### 普洱与陈皮的小故事

相传清代广东新会举人罗天池在云南为官，年老后回到老家罗坑。有一年天冷了感冒了，妻子用陈皮煮茶水调把普洱茶中的感冒消除入了茶里中。喝了下口几，还觉得甜香而微微的味道不错。[口感甜甜 加工多了几分 清甜。当隔几天后，感冒和头痛病以平时减轻很多且效果不错了。

According to legend, Luo Tianchi, a scholar of Guangdong Xinhui in Qing Dynasty, was an official in Yunnan. When he was old, he returned home and brought back Hairy Crab Pu'er tea. The first autumn when she returned home, she caught a cold. Her wife mistakenly stirred the orange peel soup into the teapot with the orange peel boiling water. After drinking a few mouthfuls, [Tasted Pu'er Tea was a strange aroma in the tea. It tasted sweet and sweet. Several days later, although tincture cough and even the depression in his heart warmly warmed away by orange peel and Pu'er tea.

罗天池 喝起醇味道美。 根据喝起口上锅中一阵甜甜的香味。义觉之后，当初人都觉得此茶甜蜜的味道好喝味。这种人后又发好其以惊人风味独特滋养效果的方法，众人在后的新年。

Ever since, the local people feel that the tea ate just the "golden whirl and pink dew mead each other", and some people have improved the production method of Chen Pi Pu'er Tea, which has spread in the world for for many sites of Pu'er tea. Boy, be it add orange peel is melt and store together.

# XINHUI ORANGE PEEL
## AND YUNNAN PU'ER
### 新会陈皮与云南普洱

 **01** Foam Resistance 耐冲耐泡

 **02** Bright soup 汤色亮美

 **03** The older the better 越陈越香

 **04** Entrance Smooth 入口顺滑

- 21.8℃ 平均气温
- 2020.3 毫米降雨量
- 80%-90% 湿度

**As Everyone Knows**
闻名遐迩

众多陈皮应用历史悠久，云南普洱历史悠久，采用正宗的新会柑制陈皮和云南普洱……

博�说，柴青制片、拼青制青类，加上新会陈皮源头之优…

Xinhui citrus peel is the well know civilization. Yunnan Pu'er has a long history. It is a perfect combination of Xinhui citrus peel and Yunnan Pu'er tea by using authentic Xinhui old peel and pure Yunnan Pu'er tea production technology (traditional and removable). The citrus peel is fragrant, Pu'er gives, the older the more fragrant, durable to brew, bright soup color, smooth entrance.

Frequent drinking of the tea, Shengjie Huigan, appetizer to dissipate stagnation, coupled with Xinhui orange peel fragrancey Huigan, create a unique high-grade flavor Wholesome it integrates the common characteristics of the two. It highlights the value of its collection, which is really the best choice for collection, gifts and daily drinking.

**Geographical Conditions**
地理条件

新会在北回归线以南，属亚热带海洋性气候……

Selected has the reputation of "Millennium Ginseng, Centennial Chen Pei". 1) the mouth of the Tropic of Cancer, Xinhui has a subtropical marine climate with an average annual temperature of 21.8 C and a rainfall of 2020.3 mm in 2019. The climate is mild, the land is fertile, the river network is densely covered, and its special products are abundant. It is known as "Huidong", "Town of Fruits" and "Town of Fish and Rice". Up to now, the citrus bio products produced by Xinhui have high health radials in consumermarkets, and have a high reputation in the international arena.

# CHARACTERISTICS OF CITRUS PUCHA
### 柑普茶特点

**4⁺** 四大特色 　**1+1 > 2** 新会陈皮云南普洱完美结合

**01** Unique Taste 口味一he　**02** 耐泡 Hot饮爽口　**03** Health Care 养生保健　**04** The older the better. 越陈越佳

Yunnan Pu'er 云南普洱 ＋ Xinhui Chen Pi 新会陈皮 ＝ Xinhui Chen Pi 新会普洱

**01** Unique Taste/口味一he

做的了陈会陈皮融合柑柑和云南普洱茶香甜之余，让它结合……

It combines the full flavor of Xinhui blended and the taste of Yunnan Pu'er tea which makes citrus peel (i.e. tangerine peel) and tea absorb each other's essence.

**02** 耐泡Hot饮爽口

新会陈皮，提供更独特的第一层从口味，口感层次明显……

Xinhui orange is the only raw material of Xinhui orange peel its health function, has both the effect of Xinhui orange peel and Pu'er tea.

**03** Health care/养生保健

众多陈皮既海苔海洋性花茶颜色，汤色亮美，越陈越香，陈越耐泡香气茶汤明显……

The perfect combination of Xinhui Chen Pi and Yunnan Pu'er is natural, the older the fragrance. Citrus peel and Pu'er are both good health care.

**04** The older the better/越陈越佳

陈皮有收藏价值，越陈越香，越陈越佳越的味越越好越……

products, Both of them are famous for their fragrance, efficacy and value. Citrus has a natural both in appearance and connotation.

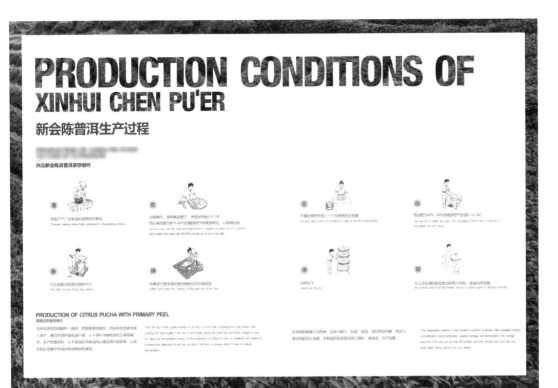

## ▌ 训练 4：故宫画册

项目名称：故宫画册

笔者开始做这个项目的时候，先考虑到的就是古代审美变迁及其与当代审美的融合。纯粹还原古代的想法最先被否掉了，原因有以下两点。

第1点：整本竖排的排版方式与我们日常的阅读习惯是相违背的，容易让本来喜欢这个作品的人选择放弃阅读。这个风险不能忽视。

第2点：纯粹还原古代的形式容易灵感"撞车"，并且不能立刻与当下流行的风格和文化产生呼应，从而变成小众产品。

## 构图思路

第1个版面主要进行整体介绍，并借鉴了2008年《北京欢迎你》MV开篇的场景——开门迎接，从而引出后面的一系列内容。

第2个版面需要更稳定的版面风格。为了使读者阅读时更舒适，更好地介绍版面信息，这里选择左右图文分割的方式进行呈现。

第3个版面与第2个版面的版式相似，但第3个版面的内容比第2个版面的多，所以第3个版面做了一定的变化处理。

## 版面细节

将第3个版面中的所有元素拆解成①②③④⑤。④中的元素非常复杂、繁多，版面中的文字信息同样较多，可以采用垫底色块的方式进行设计。

## 完整展示

金碧輝煌紫禁城

北京·故宫

景區介紹

⊙ 紫禁城

紅牆宮里萬重門

敬啟·俊弘

景區概述

⊙ 世界文化遺產

⊙ 殿宇之海

⊙ 艺术珍宝

# 建築

**建筑简介**
故宫建筑解析

**紫禁城**
现众人数有�万

**永乐十八年**
营建、北明永乐
十八年落成

◎ **建筑简介**

紫禁城

◎ **至明永乐十八年落成**

06

# 四門

故宫四个大门

◎ **故宫四大门**

◎ 午门
中国古代门阶种
最高的形制

◎ 神武门
故宫北面正门
是游客参观的原点

◎ 东华门
北京市区
一级重点

◎ 西华门
北京市区
故宫外朝门